Written by
Isabelle Legeron MW

〔法〕伊莎贝尔·莱杰容——著
乔阿苏 刘静——译

Natural Wine

自然酒

AN
INTRODUCTION
TO ORGANIC
AND BIODYNAMIC WINES
MADE NATURALLY

新 星 出 版 社 NEW STAR PRESS

目录

当今社会流行的生活方式，就是大伙儿都穿着农夫风格的靴子，围着肉摊跟本地屠夫聊聊这些肉在摊子上挂了多久。市区里的精酿啤酒吧和意式咖啡馆举目皆是。对农产品如此讲究的我们，喝起葡萄酒来却像笼养的鸡一样不挑食，随便抓起一瓶就能配着在户外自然晒干的香肠囫囵咽下肚去。尽管现代人个个都是阅读食物成分表的专家，但可能由于目前尚未出台与葡萄酒标签相关的法律规定，所以大家看着葡萄酒的背标，总还有点儿摸不着门道。

本书的意图并非曝光葡萄酒世界的内幕，而是致敬某一特定类型的葡萄酒。这类葡萄酒不仅在葡萄的种植过程中耗费了大量心血，并且，与现代酿酒工业大相径庭的是，在酿造过程中也克服万难采用了自然的方式。本书也是对自然酒从业者的讴歌。他们就像乘风破浪的水手，深谙自然的伟大远超于人类。自然的力量强大如魔法，任何试图征服它的举措都是徒劳，甚至可能适得其反。

我不是酿酒师，也不想假装自己对酿酒工艺有多了解。我跟不少酒农聊过，也尝过上千种葡萄酒，算是对自然酒有个整体的认知。我始终认为这本书应当算作一个起点，鼓励大家去探索葡萄酒这一领域，并且主动提出自己感兴趣的问题。我个人的观点十分明确：我由衷地认为，酿酒的葡萄都必须至少采用有机的方式来种植。我在书中的每一个字与任何政治或者经济的因素都无关，仅仅是出于我个人的品酒喜好。我认为自然酒不含（或者仅含有极少量）二氧化硫，尝起来口感最佳。这也是我不喝其他类型葡萄酒的原因。我撰写本书的动机就在于此。

《自然酒》可以说是客观地展现了酿造好酒的必要条件。因为我认为只有自然酒才能算得上是伟大的佳酿。我努力想通过他人的陈述和经历让读者们更好地了解葡萄酒，毕竟这个美妙的自然酒世界并非我杜撰出来的。它不仅真真切切地存在，并且我在本书中所分享的许多观念和体验都来自一个更为广大的群体。我在为本书做研究时，发现市面上关于这一课题的文字记录寥寥无几。这主要是因为自然酒的商业性较低，遭到传统葡萄酒业的排斥。因此，我的研究发现大部分来自第一手的调查——对话、访谈，当然还包括大量品酒。

葡萄酒跟我们摄入的其他食物一样，大抵都能助益健康，生产和制作过程或多或少要受到不同程度的控制和干预，味道也称得上可口。因此，从很多角度来说，本书也适用于其他食物，比如面包、啤酒和牛奶。这些品类不幸早已被过度商业化（而如今自然和有机的风潮也在这些品类中卷土重来）。葡萄酒现在才开始经历这一切，相比之下竟有些姗姗来迟了。合适的食物不仅能满足人类的口腹之欲，还能提供更多的滋养。自然酒从业者为此所付出的时间和精力都是有意义的。只要你能明白这一点，就会发现自然酒有多么精致和特别。我希望你能就此摒弃过往旧识，进入自然酒的新世界。

Isabelle Legeron MW

引言
INTRODUCTION

现代农业

　　我最近跟朋友一起去了景色宜人的康沃尔郡[1]乡间别墅度假。眼前麦浪滚滚，就像风拂过海面，宛如一幅充满诗意的田园风景画。但我突然意识到，这"美景"可能并不如想象中那般理想。放眼望去，目力所见只有绵延不绝的玉米田。玉米们郁郁葱葱，生长在坚硬而贫瘠的土地上，绿油油的茎秆之间居然看不到任何其他植物生长的痕迹。一瞬间，这幅刚刚还美妙绝伦的景色变得死气沉沉起来。

　　如今，农业单一栽培的现象实在是太普遍了，甚至连我们自己都无从觉察。大家门前绿油油的草坪经过精心修剪，蒲公英失去了落脚之地，乡间的田地上满是望不到边的甜菜和麦

1　康沃尔郡（Cornwall），位于英格兰西南部。（译注，余同）

子，甚至是葡萄藤，已然没有其他植物生长的地方。我们想要将自然控制于股掌之间。从前，你可能还见到过用灌木篱笆分割成小块的牧场、林地和农田，野生动物们可以在其中自由穿梭。现在，"单一"的农业已经成为主流。自20世纪50年代起，美国的农场数量锐减至一半，但是单一农场的平均面积却成倍增长。因此，现在全美2%的耕地却产出了占全国总产量70%的蔬菜。

20世纪，农业的总体面貌发生了改变。为了提高产量，将短期收益最大化，农业生产的过程被简化，出现了流水线化和机械化改革。这被称为"绿色革命"。"我们称之为'集约化'，但这种集约化并不是针对土地的，而是针对农民的。"知名的土壤分析专家 Claude 和 Lydia Bourguignon 这样解释道，"在北美，一名农民可以独自照料 500 公顷的土地，但是如果采用传统的农林牧结合[1]的农业模式，每单位面积土地的产量要高得多。"

葡萄的种植也不例外。"传统的意大利葡萄种植相当遵循生物多样性原则，"一位来自意大利皮埃蒙特[2]的自然酒酒农 Stefano Bellotti 说道，"葡萄一般都跟其他树木或者蔬菜种在一起，每一行葡萄之间也会种上一些小麦、蚕豆、鹰嘴豆或者果树。保证农园的多样性是非常重要的。"

现代农业的发展重点在于找到可复制的并且放之四海而皆准的生产方法。这就是美国加利福尼亚州的一位酒农 Mary Morwood Hart 所说的"教科书农业模式"。Mary 解释道："许多专业顾问来到现场之后，根本不管这块土地的特质，就开始指手画脚地告诉你每一株葡萄藤上该长几片叶子。"索诺玛[3]产区的自然酒酒农 Tony Coturri 也指出，现在农业已经高度机械化了，脱离了农业的本质，"现在的葡萄酒制作过程中几乎没有人手

↻ 上图

传统上，葡萄都是手工采收的，现在许多追求品质的葡萄园依旧延续着这种非机械化的采收方法。

——

⊖ 左图

农业单一化在美国加利福尼亚州盛行：绵延数英里的葡萄藤，除了葡萄，还是葡萄。

1　农林牧结合（Agro-silvo-pastoral）是一种结合了畜牧业、林业及农业的土地生产模式。
2　皮埃蒙特（Piemonte）是位于意大利西北角的一个大区，是意大利最著名的葡萄酒产区。
3　索诺玛（Sonoma），位于美国加利福尼亚州，又名月亮谷（Sonoma County），是加利福尼亚州最重要的葡萄酒产区。

参与了", 同时"酒农也不认为自己是农夫, 他们认为葡萄种植跟农业没啥关系"。法国桑塞尔[1]地区的农夫Sébastien Riffault则采用与此截然不同的种植方式。他认为每一株葡萄藤都是独立的个体,"它们就跟人一样,每一株植物在不同的时间会有不同的需要"。

出现这种观念和做法上的分歧, 其主要原因之一, 是因为人工合成的化学用品的发展(例如杀真菌剂、除草剂、各类杀虫剂以及肥料)。这一切的出现原本是为了帮助农民进行生产, 但却不可避免地导致农民与自己所照料的土地脱节并忽视了土地的需求。问题在于, 不管是喷洒除草剂, 还是施氮肥, 它们所产生的影响可不仅仅在一个葡萄园里就结束了。有些化合物会渗进地下水中, 从而造成整个生态系统的失衡。"这就是恶性循环的开始,"法国东部汝拉省[2]的一位自然酒酒农 Emmanuel Houillon 说,"某些合成农药甚至在蒸发的过程中还会残留在水分子上, 然后又随着雨水落下。"

---

1 桑塞尔(Sancerre)是法国中心地区的一个知名产区, 以出色的长相思葡萄(sauvignon blanc)而闻名。

2 汝拉省(Jura), 位于法国中部最东边, 拥有全法历史最悠久的葡萄园。

根据世界自然基金会[1]的统计，过去五十年中，全球喷洒的农药量已经翻了 26 倍，其中葡萄园的用量占了相当大的比重。此外，根据农药行动网[2]的统计，自 1994 年开始，农药的使用量增长了 27%，"除柑橘之外，葡萄是农药使用量最高的农作物"。

这对于土地的寿命有极其负面的影响。Bourguignon 夫妇解释道："土壤中包含着地球上 80% 的生物量，单就蚯蚓来说，它们的重量相当于其他所有生物的总和。但是，自 1950 年之后，欧洲蚯蚓的数量已经从每公顷 2 吨锐减至不足 100 千克。"

生物降解（biological degradation）对于土壤会产生深远的影响，它会导致化学降解（chemical degradation）的现象以及大规模的土壤流失。"农业的发展历史可以追溯到六千年前，当时 12% 的地球面积被沙漠所覆盖，但现在沙漠已经覆盖了 32% 的地球面积，"Bourguignon 夫妇补充道，"人类已经导致了 20 亿公顷的土地沙漠化，其中一半都出现于 20 世纪。"显然，土地沙漠化的过程加剧了全球自然资产的消亡。"近期的数据表明，由于大风或者雨水会冲刷掉表层土壤，每年都有超过 1000 万公顷的农田面临着降解或者水土流失的危险。"生态学者 Tony Juniper[3] 这样解释道。

我们与自然是息息相关的，而跟日常饮食就更加不可分离。农药行动网 2008 年的调查，以及法国消费者协会（UFC-Que Choisir）2013 年的调查，都在被测的葡萄酒中发现了残留的杀虫剂。尽管检测出的量并不大

☝ 上图

自然酒需要精细且大量的关照与注意。

———

👈 左图

在美国加利福尼亚州的一座野生葡萄园，葡萄藤与苹果树、灌木、野草并肩而立。

---

1 世界自然基金会（World Wildlife Fund for Nature, WWF）总部位于瑞士格朗，是全球最大的独立性非政府环境保护组织之一。

2 农药行动网（Pesticide Action Network, PAN）是由来自 60 多个国家的 600 多家非政府组织、市民群体及个人组成的国际联盟，主要是反对农药使用，提倡农业生产应当使用更加生态友好的替代品。

3 Tony Juniper 是可持续性发展领域的研究专家、作家和社会活动家，曾获颁大英帝国官佐勋章，2001 年至 2008 年期间曾任国际地球之友（Friends of the Earth International）组织副主席。国际地球之友是由 73 个国家的环境组织组成的国际网络，创建于 1971 年。

（大概是每公升里检测出几微克），但这已经远远超出了英国饮用水的可接受标准（有时甚至超出 200 多倍）。其中有些残余物质具有致癌性，有些是对发育和生殖都有害的毒素，有些会破坏人们的内分泌系统。考虑到葡萄酒中 85% 都是水，这个调查结果确实令人忧心忡忡。

土壤中包含着地球上 80% 的生物量，单就蚯蚓来说，它们的重量相当于其他所有生物的总和。

现代葡萄酒

葡萄酒的单纯恰如生活，可惜人类要把一切都变得复杂。

——法国 Domaine de la Romanée-Conti 首席酿酒师 Bernard Noblet

⏱ 上图

这种扭曲又疙疙瘩瘩的葡萄老藤经常因为产量低或不流行而被铲除。但它们往往是环境适宜性最高的植物，并且由于已经生长出相当深的根系，它们与土地的联系也是最为紧密的。

2008 年，我第一次来到位于高加索地区的格鲁吉亚，非常惊讶地发现几乎每家每户都会自己酿制葡萄酒。如果还有剩余，就拿去卖掉赚点钱。当然，有些酒酿非常可口，还有一些就难以下咽了。但值得注意的是，在格鲁吉亚的乡下，葡萄酒就是日常饮食的一部分，其实就跟他们平常养猪是为了杀来吃，种植小麦是为了制作面包，饲养奶牛是为了产奶一样，他们种葡萄是为了酿酒。

尽管现代社会像格鲁吉亚当地这样的自耕农并不多见，但从前可不是如此。红酒曾是日常生活中最常见的饮品，但随着时间推移，逐渐变成了品牌化、常态化以及标准化的商品。红酒的生产主要由财务盈亏决定，还得根据流行风潮和消费观念的变化来进行调整。这一切真是令人遗憾。

这也就意味着，人们在决定耕作方式的时候，考虑的根本不是植物及其生存环境的寿命，而是生产者要花多长时间才能收回成本。他们把葡萄种在完全不适合的地方，也不好好照料，一旦

○ 上图

与绝大多数葡萄园的情况恰恰相反，农业多样化在自然酒生产过程中依旧占据着重要地位，图中位于斯洛文尼亚的 Klinec 农场就是这样的例子。

————

○ 右图

如今许多酿酒厂通过机械化生产将酿酒过程中的人为影响降至最低。

收成之后进入酿酒厂，只要加上各种添加剂、加工助剂，辅以各种人为的干预手段，便能加工出一批标准化的产品。就像许多行业一样，红酒也从曾经的强调手工制作与匠人艺术，转化到今日的大规模工业化生产。

其实这一现象倒没有什么特别之处，只是我们对酿酒的印象依然留在过去。我们依然相信有一群勤勤恳恳的农民在用极尽自然的方式酿酒——当然每个葡萄酒品牌倒也乐于加深这种印象。2012 年，仅仅三家葡萄酒公司的产量就近乎全美国销量的一半，在澳大利亚则是排名前五的葡萄酒公司的产量占到全国销量的一半。显而易见，"葡萄酒是什么"和"印象中葡萄酒是什么"是截然不同的。

诚然，你会认为现代企业间的收购与合并都是常规操作，而且酿酒看起来颇为复杂，需要高科技设备、昂贵的酿造场所和训练有素的工人才能成事。但事实并非如此。含糖有机化合物会自然发酵，葡萄也不例外。葡萄周围充满了生物体，随时准备分解葡萄，而这一自然分解的过程就有可能产生出葡萄酒。简单点说，假如你收获葡萄之后，把它们在桶里进行压榨，运气好的话，你就有可能得到一桶葡萄酒。

随着时间推移，人们不断完善了这种"桶的技巧"。大家找到了能够年复一年结出优质葡萄的种植园，发明了各种方法来帮助人类理解酿酒过程的奥秘。但是，尽管技术手段和酿酒方法的进步对于整个产业来说是一件好事，如今的我们却似乎逐渐失去了自己的想法。

我们没有用科学手段来尽量减少酿酒过程中的干预，反而是要百分百掌控从葡萄种植到酿造的每个步骤。大自然能参与的部分少之又少。现在大部分的葡萄酒，甚至包括高价的所谓"限量"的产品，都只不过是农用化学食品工业的产物。令人错愕的是，这一巨大的改变仅仅发生在过去五十年间。

直到 20 世纪的后半叶，商用酵母菌株才出现在市面上，比如全球领先的精选酵母及益生菌供应商法国 Lallemand 集团于 1974 年开始在北美销售葡萄酒菌株，1977 年才进入欧洲市场。

其他酒用添加剂也是同样的情况，比如声名狼藉的二氧化硫。Jacques Selosse 酒庄[1] 庄主 Anselme Selosse 曾经这样形容二氧化硫在酿制葡萄酒过程中的效用，认为它让酒变得像是《飞越疯人院》的主角 McMurphy（Jack Nicholson 饰演）一样，被剥夺了灵魂"。然而，人们在酿酒过程中使用二氧化硫（为了保持酒桶清洁）是最近几十年才发生的事情，至于将二氧化硫用作葡萄酒添加剂，则是更为近期的事了（详见 75—76 页《二氧化硫简史》）。

酿酒过程中所普遍采用的各类干预科技也是近期才出现的。"无菌过滤就是一项很现代的技术，"法国勃艮第的一位酒农 Gilles Vergé 这样说道："在我们这里，20 世纪 50 年代之后才开始使用无菌过滤，至于逆向渗透这种技术则是 90 年代之后才出现的（逆向渗透的滤膜非常细密，比无菌渗透用的滤膜要密 10000 倍以上）。"尽管这种逆向渗透技术的使用尚未被大张旗鼓地宣扬，但葡萄酒研究顾问 Clark Smith 告诉我们，逆向渗透机器的销售数量，可比生产者们愿意承认的要多得多。

位于俄勒冈的 Montebruno 是一家由啤酒酿造转为自然酒酿造的酒庄。从其主人 Joseph Pedicini 的家族近代史不难看出，这些酿酒的技术创新都是新兴事物。"1995 年我还在酿造啤酒，也正努力接管家族的葡萄酒生意。（我们家族来自意大利，我的祖父母将他们的酿酒技术带来了这里，）我把酿造啤酒的方法用在葡萄酒上，试着采用实验室栽培的酵母菌株。我的家人都奇怪地看着我：

"'他为啥要往咱们的酒里放那些东西啊？！'

"'不要着急啊叔叔，我这是在学校里学的，这样酿出来的酒会很棒的！'

"但这样酿出来的酒毫无灵魂。好喝，但是缺乏那种来自酒本身的魔力。"

不管是新泽西州的 Pedicini 家族，还是格鲁吉亚人，都说明了同一个道理：葡萄酒需自成。

自然酒并不是一个新事物，葡萄酒本来就一直是自然酒，但是不知为何，如今自然酒却变得弥足珍贵，恰如沧海之一粟，令人扼腕！

——Isabelle Legeron MW

1　Jacques Selosse 酒庄位于法国香槟产区的白丘（Cote des Blancs）子产区，是该产区的知名酒庄，出产的香槟甚至需要配货才能买到，Anselme Selosse 是该酒庄的创始人。

PART 1

WHAT
IS
NATURAL
WINE?

什么是自然酒？

"真的存在自然酒这种东西吗？"
"IS THERE SUCH A THING AS NATURAL WINE?"

2012 年的夏天，意大利农业部的巡查员来到位于罗马 Viale Parioli 大街的葡萄酒商店 Enoteca Bulzoni。这家店自 1929 年开业以来，一直都生意兴隆，现在已经传至第三代——Alessandro Bulzoni 和 Ricardo Bulzoni。但他们却突然发现自己收到了一张罚单，并且可能还要面对涉嫌欺诈的起诉，原因是他们无证销售自然酒。

当他们质疑此事时，意大利相关部门的官员解释道，"自然酒"这一术语在法律上并不存在。其他种类的红酒在使用产区命名和酒标说明的时候都有明确的法律规定和限制，但是自然酒却并没有此类认证机构或相应的规定。有关部门认为，这样一来消费者们便无法验证商家售卖的是否是自然酒，这会给公众造成误导，也会损害其他没有使用"自然酒"标识的从业者的利益。不过 Bulzoni 兄弟俩交了罚款之后，仍继续卖着自己的葡萄酒。

意大利《每日真相报》（Il Fatto Quotidiano）报道并总结了这一案件。一方面来说，Bulzoni 家族三代都是葡萄酒商，并且始终以顾客利益为上。他们并没有大肆宣传自然酒有什么特别的"优势"或"劣势"，只不过是用一个常见的词汇来区分出这些没有使用添加剂的酒水。另一方面，从监管部门的角度来说，即使原则上认同"自然酒"在制作过程中没有使用添加剂，监管部门也要坚持尊重法律，而目前的法律确实没有对自然酒做出定义。

这是当下自然酒从业者面对的诸多难题之一，现在官方对于这类产品是没有认证的，"自然酒"这一名称在市场上很容易遭到滥用，也因此导致了不少批评。英国利兹的有机葡萄酒

商店 Vinceremos 的顾客经理 Jem Gardener 说："我们都希望能够无条件相信自然酒从业者都是用纯天然的原料和方法来酿酒。我当然希望有这种信任就够了，但恐怕实际上这并不够。"现在的实际情况就是这样，随便是谁都可以说自己酿的是自然酒，但至于这话是否可信就要看商家的良心了。

现代酿酒的过程中充斥着二氧化硫的使用，以及对发酵过程和温度的控制。但我们可以用更好的方式来代替这一做法。

——David Bird MW[1]，特许化学家[2]，

著有《了解酿酒技术》(*Understanding wine technology*) 一书

人工干预：多少才算多？

葡萄酒酿造本身就是一项微妙且复杂的工作，其中人工要干预到什么程度才算合适就更难把握了，比如单就欧盟有机葡萄酒的酿造来说，就有五十余种添加剂和加工助剂可供使用。在某些事情上，所有自然酒生产者都能达成一致，比如认为添加增香的酵母菌是绝对不行的，但也有人觉得在装瓶过程中添加一些二氧化硫是完全可以接受的。同理，有些人认为滤酒的过程就是从根本上干预了酒的结构，应该严令禁止。而有人则反驳说，传统方法采用有机鸡蛋清来进行过滤，并不会破坏自然酒的"自然"程度。

在这样混乱的情况下，给自然酒制定一个官方的正式定义是势在必行的。现在自然酒逐渐兴盛，大众对于自然酒的接受度也越来越高，人们开始质疑其他种类的酒都是如何酿造的，于是有人想趁着"自然"这一概念流行之际来大赚一笔。一些较大的厂商会发售所谓"自然"佳酿，或是在传统葡萄酒的营销材料中用上"自然酒"的概念。不论他们这么做是因为

1　MW 即 Master of Wine (葡萄酒大师)，是一项1953年起由英国葡萄酒大师协会颁发的专业认证，被视为行业内专业知识的标准。葡萄酒从业者可通过考试获得认证。

2　特许化学家 (Chartered Chemist) 是由英国皇家化学学会、澳大利亚皇家化学研究所、意大利教育部、斯里兰卡锡兰化学研究所和尼日利亚特许化学家协会授予的称号。

⏱上图

目前，酒标上并没有强制性的合法标识来帮助消费者区分自然酒。

———

⏲右上图

浸皮中的葡萄正在进行酒精发酵。只要在种植过程中照料得宜，葡萄就会自行发生这一过程。

———

⏳右下图

红葡萄经过压榨后留下的残渣。在有机葡萄园里，这些残渣通常可以用来覆盖土地或堆肥。

的确不明白自然酒的定义还是想要趁势谋利，结果都是一样的——消费者们被搞糊涂了。

自然酒的定义与规范

官方终于开始对有关问题做出回应了。2012 年秋天，法国自然酒协会（Association des Vins Naturels，AVN，详见 139—140 页《何地何时：酒农协会》）与巴黎的反欺诈小组及其他官员们会晤，讨论是否有可能提交关于自然酒制造方式的定义，并进行官方注册。这样在对市场上宣称是"自然酒"的产品进行查证时便能有法可依。Domaine Fontedicto 的庄主暨 AVN 的创始人之一 Bernard Bellahsen 说："现在大家终于了解到'有机'和'自然'之间的区别，所以他们要求我们对于自然酒现有的定义进行微调，然后正式制定相关法规的细则。他们关心的点非常单纯，就是必须做到有法可依。那么作为协会，我们应该要为他们提供可参考的依据，这样他们才能判断产品是否合规。这是一定要经过官方注册

⊕ 左图与上图

自然酒源自孕育和保护生命的葡萄园，要经历从果园到酒窖再到酒瓶的过程。

和正式公示的。"现在因为法规依然很模糊，有关单位无法进行监管。因此，例如在意大利，有关单位不愿意让从业者使用"自然酒"一词。事实上，2013 年秋季，意大利政府就召开过有关"自然酒"的国会质询，旨在明确自然酒的含义，但至今这项讨论仍在继续。

可以确定的是，整体而言，自然酒的数量正在急剧增长。或许是因为这一成功，自然酒在葡萄酒业界引发了争议。有人说："根本就没有什么东西是完全自然的。"还有人则说："他们怎么敢说我的酒不是自然酒呢？"

实际上，许多自然酒酒农也不喜欢用"自然"一词。位于法国南部朗格多克的 Le Petit Domaine de Gimios 的 Anne-Marie Lavaysse 说："这其实不是个好词，因为它可以被曲解成各种意思。"Bernard Bellahsen 也说："我们所说的自然酒，说白了就是发酵后的葡萄汁，我用的除了葡萄还是葡萄，然后就酿出了酒，就这么简单。"所以我们不得不承认，这个词并不

能简明扼要地概括自然酒的精髓，但它的确相对准确，因为毕竟有太多东西都可以被称为"自然"，这听起来就比较健康，但事实却并非如此。"自然"一词，实在是相当微妙。

那么，或许"自然酒"的确不是最好的词。我觉得如果我们绞尽脑汁想要找到一个形容词，来加诸字典里早已明确解释过的"葡萄酒"之上，就实在是一件非常可悲的事情。但不幸的是，时移世易，现在葡萄酒已经不再是"发酵后的葡萄汁"，而是"使用 X、Y、Z 等过程发酵后的葡萄汁"，所以现在"葡萄酒"这个词必须加上限定语，才能区分出不同的种类。

他们最终明白，"有机"与"自然"不同……

是啊，如果用"纯鲜""纯正""未加工""真正""纯天然""少干预""原汁原味""农场特供"这种温和的词汇来代替"自然"，或许就不会引起如此大的争议。然而，"自然酒"是全球范围内用来形容这类酒的使用频率最高的词汇。尽管还有其他词可以用，但人们还是莫名地喜欢用"自然"一词来形容这一类天然种植、对环境友好、人工干预较少且能真实表现原产地风味的葡萄酒。皮埃蒙特区 Cascina degli Ulivi 的自然酒酒农 Stefano Bellotti 说："我也不是很喜欢'自然'这个词，但实际情况由不得我喜不喜欢。就像你即使不喜欢'桌子'这个词，那也不能就把它称为'椅子'。"因此，自然酒这个称谓就这么一直沿用了下来。

不管是否得到官方认证（或者是否能找到方法进行认证），自然酒都是客观存在的。这类酒水至少在种植过程中坚持有机耕种，酿造过程中不添加或者移除任何成分，最多是在装瓶的时候添加少许二氧化硫。这使得自然酒成了最接近谷歌上"葡萄酒"定义的存在："品质优良的，经历过一定时间的，发酵过的葡萄汁"。

"采摘葡萄然后发酵"听起来可能清晰明了，其义自见，但是仔细探究就会发现，至纯的葡萄酒酿造过程其实是在制造奇迹——只有葡萄果实、酒窖和酒瓶这三个部分臻于完美平衡时，才能获得好酒。

葡萄园：鲜活的土壤
THE VINEYARD: LIVING SOILS

破坏土壤的国家就是在自取灭亡。

——Franklin D. Roosevelt，已故美国总统

James Cameron 的电影《阿凡达》(*Avatar*，2009) 中有
这样一幕：植物学家 Grace Augustine 博士气势汹汹地冲进地
狱之门的控制中心，大声斥责被派到潘多拉的采矿公司负责
人砍伐纳美人森林的行为，因为他们用推土机铲除了一棵
空心的，像柳树一样的植物。我觉得大部分观众都没有注意
到 Augustine 博士是如何描述潘多拉星球的植物的："我们认
为这种植物的根系之间在使用某种化学电信号进行沟通，就
像神经元的突触之间的机制一样。"这只是科幻电影的情节
吗？大家不妨好好想想。

潘多拉星球确实只是传说，但 Augustine 博士口中树
木的神经网络传播是真实存在的。英属哥伦比亚大学[1]的
Suzanne Simard 教授在 1997 年便发现，树木之间其实是通过
盘根错节的根系来进行沟通的。"它们会交换碳、氮（以及
水分），输送给有需要的树木。它们之间是存在互动的，希
望帮助彼此存活下去。森林是非常复杂的系统，就像我们的
大脑一样在进行精密的工作。"

根系部位的这种"联结"是通过生长于根部的极其微小的真菌菌群来实现的，它们将不

⏱ 上图

在法国鲁西永（Roussillon）的
Matassa 酒庄，一只甲虫正沿着葡萄
藤往上爬。

⊕ 下页图

生物是无法独立存活的，健康的植物
也不例外，葡萄藤会与周围的生物和
环境产生根深蒂固的联系，在地上和
地下都形成错综复杂的网络。

---

1 英属哥伦比亚大学，简称 UBC，位于加拿大温哥华。

同树木的根系相连，形成一个庞大的地下网络，就像是通过细密的针脚把树木拼缝在一起。这些非凡的小生物仅仅是我们脚下这个巨大而庞杂的生态系统的一个小小的环节。生态学者 Tony Juniper 在《大自然为我们做了些什么？》（*What Has Nature Ever Done For Us?*）一书中描述道，这个生态系统"可能是人类拥有的各种重要资源中最不受重视的一种"，并且"一直被贴上'污尘'（dirt）的标签，是必须被避开、被清洗或是用水泥盖掉的"。这个系统，就是土壤。

⏱上图

意大利 Daniele Piccinin 的酒庄（上）和南非酒农 Johan Reyneke 的生物动力种植园（下），二者都使用堆肥。健康的土壤中有许多蚯蚓和微生物，能为植物提供所需的养分。

生机勃勃

土壤是有生命的，这是现代农业时常忽视的事实（详见 2—6 页《现代农业》）。事实上，Tony Juniper 曾说过："据估计，10 克可耕种的健康土壤中（大概相当于一大调羹的量）生活着的细菌数量，加起来比地球上的人都要多。"但是，科学却无法探知土壤生物学的奥秘，也尚未得知土壤和植物之间的复杂联系。时至今日，健康土壤中所生活的大量生物我们都还不能辨认。

但能够确定的是，我们脚下踩着这个看似平静的世界其实暗藏玄机，土壤里的单细胞生物以细菌为食，线虫以单细胞生物为食，还有些生物以真菌为食，更有数以百万计的节肢动物、昆虫和蠕虫都在土壤里吃喝拉撒。植物也没有袖手旁观，它们从根部排出食物来吸引（并且喂养）真菌和细菌，同时吸收着它们对植物的供给。瑞士的自然酒酒农 Hans-Peter Schmidt 给我举过这样一个例子，当葡萄藤进行光合作用的时候，其中 30% 的劳动成果不会用于叶子、葡萄果实、嫩芽和根系的生长，而是直接以碳水化合物的形式被输送到土壤中。这些养分可以喂饱五万亿个微生物（超过五万种不同的昆虫），这些微生物和葡萄藤之间是存在着生物共生关系的。为了交换这些食物，微生物们也给葡萄藤提供了矿物质养分、水，并保护藤蔓不受土壤中的病原体侵害。

和树木间的机制相似，上述的交换网络也能够促进沟通。Hans-Peter 说："地下世界的交流并非只存在于菌群之间，而是多种多样的。地下有着成千上万不同种类的细菌能够互相交换电子，类似植物之间的电流。当你犁地翻土的时候，这种交流就会被打断。"

植物的需求

　　除了辅助沟通和防御功能之外，土壤对提供给植物营养也是至关重要的。要搞明白这一切，我们得先了解植物是如何进食的。在植物的生命周期中，需要 24 种不同的养分（在健康土壤中生长的植物能够获得超过 60 种矿物质，包括铁、钼、锌、硒，甚至还有砷）。植物所需的大部分碳、氮、氧都是通过叶子获得的，而其余的养料只能从土壤中获得。但是植物是不能够直接吸收这些养分的，也就是说，必须要依靠土壤中的微生物来将养分转化为根系可以吸收的形态。如果没有这些重要的小虫子，葡萄藤可能要花大力气从岩石中吸取微量元素，但最后仍是竹篮打水一场空。世界知名土壤分析专家 Bourguignon 夫妇曾经跟我说过："我可以给你看看在红土里生长的葡萄藤，红土中富含铁，但这些葡萄藤的叶子全是黄的，

因为它们患上了因缺铁而导致的萎黄病。它们的根系就扎在矿物质里面，但因为土壤是死的，里面没有微生物来处理这些铁元素，所以富含铁的红土里也会长出缺铁的黄叶植物。"

土壤为植物进行养分转化还有一个关键因素——氧气。土壤中的微生物必须要有充足的氧气可供使用。这意味着土壤内需要充满空气，这一工作需要由较大的土壤动物来完成，比如蚯蚓，它们会在土壤里上上下下挖出许多小通道，造出一个全是走廊的网络。但不幸的是，现代农业技术轻而易举就能将这一网络破坏掉。

其他好处

互利关系并不只存在于地下，在土壤表层也存在着类似的互动。如果一个地方生活着多种多样的动植物，那么病虫害就很难乘虚而入。瑞士酒农 Hans-Peter Schmidt 说："一个地区植物的多样性越强，就会有更多种类的昆虫、鸟类还有爬行动物等在这个具备自我调节能力的生存环境中生长。但是农业单一化一旦破坏了植

物的多样性，那么大量的有害细菌、真菌和昆虫也就随之滋生。"简而言之，万事万物都应当保持在平衡之中，这种平衡必须要通过多样性来达成。

优质的土壤还能够帮助葡萄藤抵御极端天气，这在当今急剧变化的气候中是相当宝贵的特质。"用过除草剂的土壤入渗率[1]是每小时 1 毫米，但是天然土壤的入渗率可以达到每小时 100 毫米。"Bourguignon 夫妇这样告诉我们。这就意味着，下雨的时候，雨水在低活性的土壤中入渗效率更低，"这会导致土地缺氧，葡萄藤也很抑郁"，还会引起水土流失。唯一的解决办法是增强土壤的生命力，除了确保土壤的入渗力之外，还要让它能拥有海绵般持续吸收和释放水分的能力。"土壤中的有机物可以容纳超过自身二十倍重量的水分，因此土壤会更加耐旱。"Tony Juniper 解释道。

或许最重要的是，没有生命力的土壤，无法成为真正意义上的土壤。土壤中的植物和昆虫将有机物分解为腐殖质，这是土壤最重要的成分之一。没有生命就没有土壤。

自然酒酒农们都明白这个道理，因此非常照顾葡萄种植园中的小生命。他们会添加许多有机材料，比如园林有机堆肥、有机覆盖物或者其他覆盖作物[2]，尽量减少夯实土壤，为种植园中各种生物体的生长提供友好的环境。如果你去有机种植园里看一看，可能会觉得眼前凌乱不堪——花花草草到处都是，藤蔓肆意生长，葡萄藤间还种着其他果树。如果幸运的话，你还会看到牛、羊、猪甚至大鹅漫步其间。在这表面的混乱背后，隐藏的是平衡、美丽、健康且生机勃勃的土地。

土壤显然是我们拥有的最宝贵的财富之一，是帮助我们获得富足生活的珍贵资源，我们应好好珍惜。毕竟，正如 Tony Juniper 曾提醒过的那样："在我们生存的这个星球上，土壤是一个高度复杂的子系统，它占据着相当重要的地位，同时又脆弱得仿佛吹弹可破的皮肤。"

---

1 土壤入渗率指单位时间内地表单位面积土壤的入渗水量。
2 覆盖作物（cover crops），指目标作物以外，人为种植的其他植物，主要是用来控制杂草或者覆盖裸露的地面，用于保护土壤表层免受水土流失的威胁。

🕐 **上图与右图**

在葡萄藤间生活的各种农场动物极大
地滋养了植株，不管是在法国纳博讷
（Narbonne）的 Château La Baronne 种
植园中冬日觅食的绵羊，还是在南部贝济耶
（Béziers）山间寻找食物的野猪，它们都在
滋养着土壤。动物们的口水和排泄物都非常
有助于提升土壤微生物的多样性，有助于形
成更加健康、含水度高且充满活性的土壤，
这也让南非斯泰伦博斯产区（Stellenbosc）
的 Reyneke 酒庄成为烈日午后小憩的好
地方。

※ 一个有生命力的花园 ※

访问 HANS-PETER SCHMIDT

Hans-Peter Schmidt 现在管理着实验型种植园 Mythopia。它位于瑞士阿尔卑斯地区，占地 3 公顷，隶属于伊萨卡碳科学研究院（Ithaka Institute for Carbon Intelligence）。除了葡萄之外，Mythopia 还种有 2 公顷的各类果蔬和香草类植物。

"瑞士瓦莱州基本上已经被农业单一化搞成了一片死土荒漠。他们用直升机喷洒杀虫剂，葡萄植株之间也完全看不到绿色植被。事实上，每年都有大概三个月的时间，开车经过乡下的时候人们都得紧闭车窗，因为空气中弥漫着各种杀虫剂和除草剂的刺鼻味道。此处事实上毒性很强，接管这里的种植园是一个很大的挑战。即使如此，我们当时在第一年就获得了一些不错的成果。生物的多样性在短时间内就有了极快的增长。

"八年过去了，有鸟儿会来这里筑巢，还出现了许多野生动物，比如罕见的绿蜥蜴、蜜蜂、甲壳虫、野鹿，还有横冲直撞的兔子会跑进旁边的森林中。我们现在已经发现了六十多种蝴蝶，这已经超过了瑞士蝴蝶品种数量的三分之一。

"蝴蝶的出现尤其代表着一个健康的生态系统，蝴蝶属于保护伞物种[1]，代表着整体环境健康与否。我们这里有那种带有圆波点的厄菲阿尔特蛾、像叶子一样的狸白蛱蝶，还有许多珍稀的边星琉璃小灰蝶生活在种植园周围那二十几棵鱼鳔槐的树丛里。边星琉璃小灰蝶是瑞士蝴蝶的濒危物种之一，所以我们也深感荣幸能有机会去保护这个物种。如果你去旁边的种植园看看，最多只能看到一两种蝴蝶，但是在我们这里你随时都能看到至少十种蝴蝶，冬天除外。

"同样，在葡萄园里你也随时都能找到

---

1 保护伞物种也称为伞护种，人类在动物保护上没有办法面面俱到，因此我们会选择一个代表物种，保护这个代表物种的同时也保护了其他生物。比如大熊猫、鲸鱼都是典型的伞护种。

可以食用的蔬果，比如，沙拉叶、草莓、黑莓、苹果还有番茄等，仿佛一个生机勃勃的花园。对于葡萄藤来说，在表层土壤创造一个植物生存竞争的环境是非常有利的，这可以促使它们的根系扎向更深的地方，也为地表生物和微生物提供更多样的栖息环境。

⊕ **左图与上图**

Mythopia 葡萄藤上及周围的野生动物，一只大理石条纹粉蝶、一只大黄蜂和一只壁蜥，由 Hans-Peter 的朋友 Patrick Rey 拍摄。Patrick 花了四年时间观察、追踪和记录不同季节在葡萄藤间活跃的生物。

　　"我们还引进了一些其他的物种，比如动物界的小矮子——韦桑羊，这可是一个很理想的小伙伴：首先它们很矮，够不到葡萄，但却是铲灭野草和清理枝干的一把好手。如果没有它们，这些工作就得通过人工或者机器来完成。最重要的是，它们有效地提高了土壤中微生物的多样性和有机物质的含量，因为绵羊的肠道细菌（也包括其他降解类细菌）会通过唾液和排泄物进入土壤。这是抵御土壤传染病害的最佳武器，也让种植园和土壤都更加健康。

　　"我们还在园子里散养了三十只鸡，这是源自古罗马的习俗。养鸡能够多少帮补一下种植园的收入。这座约 3 公顷的园子里可以养五百只鸡，这可比葡萄酒赚钱多了！

　　"随着园内生物种类增多，葡萄藤所吸收的营养也越来越多，抵抗力也越来越强。动物和昆虫对于健康的生态系统来说是关键的要素。

　　"生物多样性的益处颇多，而且也并不难实现。如果你只是坐在案前闭门造车地撰写如何提高生物多样性，就会觉得实践起来太过复杂。但当你真切地站在土地上，就会发现这件事其实非常简单。只需遵循一个基本原则，比如'葡萄藤周围 50 米以内必须至少有一棵树'，你会发现仅这一个措施就能产生奇效。我们在 1 公顷的土地上种了八十棵树，这还不包括葡萄藤，这种密度可能是有点极端了。即使大的种植园也可以参考我们的做法。我曾合作过的一个西班牙葡萄园的人就问过我：'从我们园到海边方圆 500 公里都没有一棵树，我们到底为什么要种这么多树呢？'但是他们还是采纳了我的建议开始植树。三年后，他们不仅看到了园子的改变，还发誓一定要保护好这些树。"

葡萄园：自然耕种法
THE VINEYARD: NATURAL FARMING

准确来说，一个有机农场不应仅采用某一方式或物质而回避其他方式和物质。真正的有机农场是对自然系统结构的模仿，拥有完整而独立的生态体系，与生物体维持良好的依存关系。

——美国作家及农夫 Wendell Berry，《优质土地的礼物》(*The Gift of Good Land*)

即使用非自然耕种法种植的葡萄，也还是能够酿造出类似自然酒风味的葡萄酒（详见 47—52 页《酒窖：有生命力的葡萄酒》）。因为生物，尤其是微生物的生命力是非常顽强的，就算用化学制剂加以控制，它们还是能在夹缝中找到方式生存下来。不过，酒的复杂度、品质和强劲程度会受影响，因为在葡萄种植阶段的失衡通常会导致后续酿造过程中的许多问题。比如，如果你使用了杀真菌剂，就会减少酿酒时酵母菌群的数量，那么葡萄酒就很难发酵，于是势必会进行一连串的人工干预。因此，要保证酒的"自然"，就必须采用自然的耕种方式，必须在健康肥沃的土壤中种植葡萄，并保证各种动植物及微生物的多样性。

⏱ 上图

Patrick Rey 拍摄于瑞士 Mythopia 的系列照片，照片中是乌鸫鸟。这座位于阿尔卑斯的种植园的土壤从未被犁耕过。

自然酒酒农会用多种多样的农作方式来达到这个效果，所有的措施都是为了让植物能够脱离农民的照料而自行生长。最理想的状态是创造出一个让各种生命体达到整体平衡的环境，因为只要园中的某一种生物受到侵害，就会导致其他问题。自然酒酒农所寻求的解决办法就是实现真正的生物多样性，因为所有的植物、昆虫还有其他野生动物在抗击虫灾或者农作物病害方面都是农民的天然盟友。

自然酒酒农通常会选取及混用多种方法，接下来我们就详细地说明其中的某些方法。

有机农耕法

现在所采用的许多有机农耕法的原则其实古已有之，只不过人们在 20 世纪 40 年代才开始对有机农业有所意识。这一切都要归功于像英国农学家 Albert Howard[1] 爵士和 Walter James[2] 这样的人，他们是有机农耕运动的先锋者。

有机葡萄栽培（就像其他有机农业一样）指在葡萄种植过程中拒绝使用人工合成的化学药品，限制或者禁止使用杀虫剂、除草剂、除真菌剂以及其他人工合成肥料。作为替代品，应当使用植物或矿物原料产品来抵抗病虫害，提升土壤的品质，增强植物自身免疫力并促进营养的吸收。（自然酒酒农所用的有机葡萄栽培法不应与有机葡萄酒酿造混为一谈，有机和生物动力法认证的葡萄酒[3] 跟自然酒在酒窖酿造方面是有区别的。详见 102—104 页《结论：自然酒认证》。）

---

1   Albert Howard（1873—1947），英国农学家，著有《农业圣典》（*An Agricultural Testament*），总结其在印度二十五年的农业研究与实践中习得的知识，书中详细介绍了堆肥的原理与技术。

2   Walter James（1896—1982）提出了有机农业的概念，认为有机农业是一种维持生态平衡、不使用化肥和农药的农业生产方式。

3   有机葡萄酒坚持不使用合成物质和转基因产品，但允许酒农使用波尔多液（硫酸铜、石灰还有水进行比例混合）来解决葡萄园的霜霉病，也可以使用含硫制剂来防治白粉病。有机葡萄酒也允许添加有机糖，并且允许调节酸度，甚至可以添加有机单宁。生物动力法是尊重风土、生物及自然规律，完全遵循人与自然的发展规律的葡萄酒酿造，想要获得生物动力认证的葡萄酒需要首先具备有机葡萄酒的资质，但是条件更为严苛：在酿造过程中禁止使用离心机，酵母只能使用原生酵母，可以加糖但是不能加酸。

有机食品这个概念眼下正流行，但是在葡萄酒行业却有些后知后觉。生物动力法酿酒顾问及葡萄酒作家 Monty Waldin 曾经解释过这个现象："1999 年的时候，我曾预测在 1997—1999 年，全球仅有 0.5%—0.75% 的种植园是获得有机认证或者正预备转换成有机耕种的。"但值得庆幸的是，现在的发展状况好多了，Waldin 表示："我预估最好的状况应该是全球 5%—7% 的种植园都已获得有机认证或是正在向有机方向过渡。"

现在全世界有不少有机认证机构，包括英国土地联盟[1]、自然与进步认证[2]、国际生态认证中心[3]以及澳大利亚有机认证协会[4]，每个机构都有各自的规则及认证标准。

生物动力法

生物动力法是有机农耕法的一种，在 20 世纪 20 年代由奥地利人智学学者 Rudolf Steiner[5] 发展而来。生物动力法以传统农耕为基础，核心在于坚持多种作物混种以及畜牧业的发展。跟有机农耕不同的是，生物动力法强调预防胜于治疗，鼓励农场自给自足。农场中使用的所有制剂都是由植物（如蓍草、甘菊、荨麻、橡树皮、蒲公英、缬草还有马尾草等）、矿物质（如石英）还有天然粪肥制成，目的是激发微生物的产生，从而提高植物的免疫力以及土壤的肥沃程度。

⊙ 左图

位于法国南部朗格多克 - 鲁西永地区的 Les Enfants Sauvages 生物动力农场中的葡萄藤。

这种方法是将农场及环境作为一个整体考虑，而不是将它作为个体割离开来。农场是土地的一部分，也是这个地球乃至太阳系中的一部分。天体之间会对彼此产生很大的影响（如重力、光等）。地球上的生命在本质

1　英国土地联盟（the Soil Association）是英国最早也是最大的有机认证机构，成立于 1946 年。
2　自然与进步认证（Nature & Progrès）成立于 1964 年，是法国非常具有权威性的认证单位，由于认证标准严格，因此它在法国可见度不高。
3　国际生态认证中心（ECOCERT）成立于 1991 年，总部在法国，是国际知名的有机认证机构。
4　澳大利亚有机认证协会（Australian Certified Organic，ACO）是澳大利亚最大的有机和生物动力生产的认证协会。
5　Rudolf Steiner（1861—1925）是奥地利的哲学家、社会改革家、教育家、神秘主义者，华德福教育的开创者，代表作品有《歌德的世界观》《神智学》等。

上都受这些外部因素的影响，生物动力法将这些因素都考虑在内了。

关于天文现象对农业的影响，人们还是将信将疑的，虽然其中有些其实是基本常识。比如航天员 Parag Mahajani 博士曾经告诉过我，如果透过天文望远镜注视月球，就会发现"人们从未意识到月亮有多亮，而且满月的时候，植物生长得更快"。

考虑到月球引力对于潮汐的影响，而植物的大部分组成元素是水，因此也能得知月球对于植物会产生很大影响。Mahajani 博士说："潮汐对地球有着重大的影响，万事万物都受万有引力的影响，不管是空气、土地还是海洋。所有的事物都是在上下移动的，所有的建筑、道路、墙壁，甚至混凝土，每件事都受到潮汐影响。只不过固体中颗粒之间的结合程度要比液体和气体中更为紧密一些，所以没那么明显。"这启发了采用生物动力法的酒农在种植过程中对于许多时机和方法的选择，比如何时修剪葡萄藤，何时进行装瓶。如果想要了解更多生物动力法的实例，可以看一下 Maria Thun（1922—2012）的解释（详见 264—266 页《延展探索及阅读》）。

🕐 上图

智利葡萄园上空的月亮，这颗围绕地球运转的卫星对我们的星球有着深远的影响。

——

⊖ 左图

奥地利 Strohmeier 葡萄园中的黄蜂巢。Strohmeier 是奥地利自然酒酒农的先锋。

其他自然农耕法

我个人最喜欢的自然种植法有两种，一种是福冈正信（1913—2008）的自然农法，另一种是英国的永久培养法（permaculture），也称为"朴门永续农业"。

⊙ 右上·左图

Le Petit Domaine de Gimios 酒庄中饲养的鸡，整体农耕法的重点就是要有畜牧业。

——

⊙ 右上·右图

Daniele Piccinin（他用自己的名字命名了庄园）用自己园内的植物制作了葡萄藤所需的肥料（详见84—85页）。

——

⊙ 右下图

Frank Cornelissen 的 Barbabecchi 葡萄园岩浆丰富，位于意大利西西里岛埃特纳火山（Mount Etna）的山坡上。他正在使用福冈正信的低干预方法照料园中的葡萄藤。

福冈正信是一位日本哲学家，也是一位农民。他的"无为"自然农法非常有名，也取得了显著的成效。他在《一根稻草的革命》一书中曾写道，自己在稻田中通过坚持"不耕作、无农药、无化肥、不施除草剂"的自然农法，而所获的产量与附近坚持传统方法的同行们天天在农田里辛勤耕作的产量相近。

朴门永续农业是 Bill Mollison[1] 和 David Holmgren 提出的概念。我有一位朴门农学家的朋友 Mark Garrett 曾说过："这其实是通过'观察'，或者'旁观'农业以思考耕作的过程，从而设计创造出一套可持续的自给自足的系统。朴门农业不是一套整齐划一的做法，在不同的环境、不同的场景中，必须采用不同的朴门方法。有的人采用有机农耕法，有的人采用生物动力法，或者有的人不想特地强调自己是用什么方法进行种植的，朴门法就囊括了全世界许多不同的种植方法，并且总结出了其中的概念：我们耕作的方式必须要丰富我们所生存的环境，这不仅是为我们自己和环境中的所有生物，也是为了我们的下一代。"

不管是有机法、生物动力法还是朴门永续法，这些名称本身都不是重点，动机才是最重要的。根据我的经验，只要是"不污染"的耕种方法对环境都会有积极的影响。如果只是出于营销的需求才想要向绿色耕种的方向转型的话，是无法打造出优秀的农场的，你必须要用心来做这件事。向无污染耕作方向转型并不容易，尤其万事开头难，所以动机非常重要。你要想明白，自己之所以必须这么做，是因为长远来看这才是唯一的选择，而不是为了招徕新客。

1　Bill Mollison 是朴门创始人，朴门永续设计使农业生态系统拥有丰富的物种以及比较强的自然适应能力，模仿自然产生一种永续方式，满足人类对食物、能源等的需求。

※ 旱耕法 ※

访问 PHILLIP HART & MARY MORWOOD HART

AmByth 酒庄（威尔士语中 AmByth 的意思是"永远"）使用旱耕法进行葡萄的有机栽培，酒庄面积约 8 公顷，酒窖位于美国加利福尼亚州的帕索罗布尔斯（Paso Robles）。这对夫妻档栽培了十一种葡萄，园内饲养了蜜蜂、鸡、奶牛，还种了橄榄树。

"起初，我们是想要走高科技路线的，我以为我可以待在橘子郡的办公室里用电脑远程控制园子里的洒水器……我们有一位像 James Bond（007）一样帅气的顾问，他来自一个高精尖的新潮团队。他们想在种植园的地里放探针，这样我们就可以远程掌握土壤的水分含量，我们当时都很喜欢这个想法。

"但我们毕竟去过不少地方，也了解老种植园长期接受灌溉会变成什么样。我们知道还有其他的方法，所以就问顾问：'为什么不尝试一下旱耕法呢？'

"他立刻就拒绝了我们：'不能这么做。'他刚刚从大学毕业，附近的这些学校——加州大学戴维斯分校、伯克利分校、加州州立理工大学、索诺玛州立大学——从来没有教过其他方法。因为其他方法都被视为经济效益不高。

"因此尽管我们非常想用旱耕法种植灌木型葡萄，但还是得走传统的高科技路线。

"直到有一天，我们碰巧去了附近一个酒窖餐馆，感觉大开眼界。当时酒吧的老板娘看起来有点微醺的样子，我不是开玩笑，因为她给我倒了满满一大杯葡萄酒。我和 Phillip 心中都有点打鼓'万一我们不喜欢这个酒怎么办'，但是我们抿了一口杯子里的酒，是一种桑娇维塞[1]干红葡萄酒，喝下去的第一口，我们就爱上了这个风味。

"'这是哪里来的酒？葡萄是怎么种的？'

"'就是这里的酒，是用旱耕法栽培的。'

---

1 桑娇维塞（sangiovese），意大利种植面积最大的红葡萄品种。

"'谁种的葡萄呢?'

"'我丈夫。'

"于是我们第二天就跟男主人见了面,他是一个老派果农,一直坚持旱地耕种。他告诉我们:'看看那些野草,如果野草能长,那么葡萄就能长。'

"我们立刻就解雇了那位高科技顾问,一丝后悔也没有。

"帕索罗布尔斯一直有严重的缺水问题。我的数据可能并不是非常准确,但是基本上在过去的十年里,地下水位下降了约 300 米,这些问题都是葡萄种植园直接导致的。而且在接下来的几年内,还有 8000 多公顷的土地要投入葡萄种植,地下水要面临的挑战可想而知。从环境的角度来看,这完全违反了可持续发展的原则。非灌溉型的土地要往灌溉型种植园转型,但是雨水又不足以作为水量的有效补剂,问题显而易见。人们家里的水井都要干枯了。

"可悲的是,有大量外来客户购买了这里大片新开发的种植区。这些人不像我们只是买了自家隔壁的 80 公顷地来放牛。他们都是远在洛杉矶甚至是中国的客户,所以水资源的枯竭对他们来说没有什么影响。他们用光了这里的水就会换个地方,一切都只是生意罢了:

"'如果我们买 300 公顷的地,其中 200 公顷用于耕种,两年后我们的收成会怎么样?'

"'我们的投资什么时候才能获得回报?'

"是的,稍微算算这笔账,他们四年内就能收回成本。四年之后他们就无所谓了,反正都是多赚的。如果赚不到钱,他们就离开这里。旱耕法的收效很慢,但是它能获得的收益与成果,就像我们酒庄的名字一样,是永久的。

"我们这里是加州最为干旱的耕种区域之一,这里的水量甚至比纳帕谷(Napa)还要低,纳帕谷就在加州 101 公路的另一边,我们这边的水量仅是他们的一半。所以如果这里可以用旱耕法,他们肯定也可以。

"我们的基本想法就是:把葡萄藤视为野草。葡萄的生命力旺盛,求生欲很强,就像是植物王国中的蟑螂,这不是很妙吗?"

🕐 **上图与左图**

Mary 和 Phillip 亲自养蜜蜂，"我们的蜂蜜口味醇厚，颜色浓郁，因为这些蜜蜂是吃自己的蜂蜜的，大概每个蜂巢可以收获 18 千克蜂蜜，其中有一半的蜂蜜我们都留给蜂巢里的蜜蜂"。

葡萄园：理解风土
THE VINEYARD: UNDERSTANDING TERROIR

要理解自然酒为何如此特别，我们需要先回头理解一下什么是"风土"，这也是一款"优秀"的自然酒会呈现出来的特质。简单来说，"风土"（terroir）是一个法语词汇（由法语"土地"一词演变而来），指专属于特定地方的"地域感"，一种不可复制的在该地区特定年份一系列因素（比如植物、动物、气候、地理、土壤以及地形等）的组合。

这个词其实可以用来描述很多农业上的概念，它也可以用在橄榄油、苹果酒、黄油、奶酪、酸奶等一系列食品上。"这是一个极佳的概念，人们留意到在某地生长培育的植物

① 下图

法国索洛涅（Sologne）地区 Les Cailloux du Paradis 的葡萄园，这是 Etienne Courtois 和 Claude Courtois 共同拥有的生物多样化种植园之一，四周围绕着天然森林。

或动物有着与别处不同的风味。对消费者来说，这就是一种强有力的保证。"风土复兴协会（Renaissance des Appellations）创始人，法国卢瓦尔河（Loire）产区的生物动力法生产者 Nicolas Joly 这样说道。

当然，人类自己在这个概念中也起到了一定作用，但人类仅仅是其中的一环。如果人类占据了主导地位，那么对于风土的表达就会打折扣。香槟区的标杆性人物 Anselme Selosse 就讲述过人工干预对于风味的影响："我还是一个年轻酿酒师的时候，要说让我成为大自然的仆人那是绝对不可能的。我当时下定决心一定要成为主导者，我要主导所有的种植和酿酒过程。尽管那时酿酒完全是依照我自己的想法来，但结果总是不尽如人意。直到有一天，我发现自己的做法对于酿酒这种伟大的艺术创造毫无益处，我一直在狂热追求的那些专属于原产地的创造力和独特性，只有当我给予它足够的空间和自由时，才能实现。"

不同的年份会有不同的生长环境，会影响当地所有的生物。它们在同一个资源体系内共生，彼此紧密相连；也有可能它们只是刚好在某个时间同时出现在了同一个地方，总之最终它们之间形成了一个精密的生物网络，这比人工能够达成的最精密的事物还要复杂。绝妙的大自然永远都比人类技高一筹。

⊖ 左图

很多因素都会对风土产生影响，比如土壤构成、气候、光照以及海拔。

如今，不依靠风土，只靠化学制剂就能酿出葡萄酒来，这在人类历史上前所未有。

——法国勃艮第土壤分析专家 Claude Bourguignon

法国卢瓦尔河谷地区的自然酒酒农 Jean-François Chêne 是这样说的："每年我们使用的手法都是一样的，但是酿出来的酒却不尽相同。不同年份的口味又会略有不同，这是一件很有趣的事情。"不过，年份的差别也有可能来自葡萄园中的人工干预（比如除草剂甚至是灌溉系统的使用）或是酒窖里的处理（详见 55—58 页《酒窖：加工程序与添加剂》）。实际上，现在许多葡萄酒为了维持品牌的一致性，用人工的办法将这些不同点都抹去了。

法国卢瓦尔河谷 La Coulée de Serrant 的秋季，这里是 Nicolas Joly 的生物动力法酒庄。

葡萄酒是一种农产品，是由各种有机生物在特定地点和特定时间内共同创造的成果，是不同生命体创造的结晶，其实这些综合起来就是"风土"，如果没有这些元素，葡萄酒便无法传递出产区的风土。

正如法国南部朗格多克 Le Petit Domaine de Gimios 的酒农 Anne-Marie Lavaysse 所说："自然酒就是用大自然赐给我们的一切来酿酒，简单说，就是葡萄园给我的天然馈赠。"葡萄酒是一种能够维持和滋养生命的饮品，而它自己也充满了生命力：从在种植园中开始，到酒窖再到装瓶，最后盛进酒杯，都传递着生命的气息。

Jean-François Chêne 精辟地说道："我们尊重生命，胜过其他一切。"

※ 季节性与桦树汁 ※

访问 NICOLAS JOLY

Nicolas Joly 是法国生物动力法酿酒的权威，也是自然酒酒农的风土复兴协会的创始人（详见 139—140 页《何地何时：酒农协会》）。他著作等身，是自然发酵和原产地酵母的拥趸。他在法国卢瓦尔河谷拥有一座庄龄九百年的酒庄——La Coulée de Serrant。

"每个星球都与某种树木有关联，比如说金星对应的就是桦树。桦树和橡树给人的感觉完全不同，桦树并不坚硬，也并不庞大，不引人注目，也不会攀到别的树上去。它是柔软多变的，看起来就像还没完全成形，而不像柏树那样形态宛如燃烧的烛火般完整。桦树并不挑剔生存环境，在哪里都能活下来。

"曾有人跟我说，如果你想理解金星代表着什么，就想象有朋友到访你家，大家正在热络地聊天，突然有一个安静的人小心翼翼地走到房间里，在每个人面前都摆上一杯茶，轻轻地说：'我想你们需要喝点茶来提神吧。'这就是金星，柔软、敏感又单纯，就像女性的力量。

"收集桦树汁，就是收集春日的精华。万物都被唤醒，焕发出新生。喝一口桦树汁，能够真正体会到浑身活力勃发的感觉，这也就是为什么许多像 Weleda[1] 这样的品牌都会选择桦树汁作为配方原料。这是一种很常见的树木，所以每个人都可以自己尝试去榨取一些桦树汁。只要记住在收集树汁的过程中小心一点，别忘了你是在用另一个生命元素的成果滋养你自己。"

采收的方法与时机

"桦树汁是叶子生长的源头，它是整个生命循环的初始，在种子破壳而出之前，在枝条抽芽之前，它就存在。如果你认真体

---

1 Weleda 是由 Rudolf Steiner 创立于德国南部的医药、营养补给品和身体保养品公司。

会，你能感受到大自然的变化，但一切都并不明显。这时你的机会就来了。接下来的十天到二十天内（最理想的是月亮正在升起的时候），桦树会从地底汲取大量的水分，然后树汁被输送到尚未萌发的叶芽中。这种吸力会形成强大的压力，也就是你采收的最好时机。这段时间具体是什么时候，会因地区而有所不同。在我们的葡萄园内，大概是在2月20日到3月4日之间。

"你需要一把小木钻，钻头直径大约5毫米，一个大空瓶还有一根干净的虹吸管，就像是在割草机化油器上用的那种。管子直径必须和钻头相同，最好是先准备管子，然后再找合适的钻头。

"选好你要钻孔的位置，然后往里钻到大概2厘米深，你很快就会知道自己是否找对了时机。树木随时会因为内部的压力喷发出树汁，所以小孔中很快就会渗出液体来。

"将管子的一端插入钻开的小孔中，另一端放进瓶子里，然后用绳子把瓶子紧紧绑在树身上。桦树汁会源源不断地流出，每天都得去换瓶子。最多的时候我一天可以收集到1.5升的树汁。

"你必须始终牢记要尊重树木，如果你钻出来的第一个孔没有流出树汁，那就不要再继续钻孔了。因为大概为时尚早，你之后可以常来检查一下，树汁是一定会到达树叶的，这对于树本身来说已经是一个非常辛苦的过程了。如果你想要从中取得一些树汁来喝，倒也无妨，但不要强求，因为逼迫树木出汁一定会对其造成伤害。一棵树上只能有一个孔，绝对不可贪多。如果你无法全程监督取树汁的过程，那我劝你最好一个孔都不要打。因为一旦开始收集树汁，这个孔就堵不上了。树汁会不断流出，直到树木本身所积攒的汁液足够长出树叶为止，整个过程大概历时三周。所以一旦开始了，就不能随意停止。你必须每天来采集树汁，就像是挤奶一样。

"当汁液不再流出，树皮逐渐变干且失去水分，这个采集过程就自然而然地完成了。将软管移除，树孔会自动愈合。作为感谢，你也可以用一些松焦油把小孔堵上。因为每次只需要一点点，大概就是圆珠笔尖那么多的量就够，所以就别去买那些人工合成的垃圾了，会对桦树有害。完成之后向桦树说声谢谢吧，请记得我们所面对的是一个鲜活的生命。

"我每年大概能收集30升树汁，可以储存上好几个月，如果放到冰箱里则能保鲜更长时间。我每天早上做的第一件事就是在春日的曙光中空腹饮用一杯桦树汁。"

ⓖ右图

La Coulée de Serrant 葡萄园的冬日景色。

酒窖：有生命力的葡萄酒
THE CELLAR: LIVING WINE

在显微镜下的自然酒是一个璀璨的小宇宙。

——Gilles Vergé，法国勃艮第的自然酒酒农

法语中 vivant 这个词（意思是"鲜活"）经常会被拿来形容自然酒，还有很多类似的固定用语，比如"灵魂""个性""情感"这些带有生命色彩的词汇，都可以用来形容葡萄酒——这种在大部分人眼中并没有生命的饮品。

我确实想要观察一下葡萄酒这种"小生命"，于是我找了一位科学家朋友 Laurence 来帮忙，因为她能找到各种显微镜。我给了她两瓶桑塞尔产区的葡萄酒——一瓶是传统大批量生产的品牌葡萄酒，每年产量数万瓶，还有一瓶是 Sébastien Riffault 酒庄用老藤贵腐葡萄酿造的 *Auksinis*，每年的产量不超过 3000 瓶。*Auksinis* 完美诠释了自然酒精神：完全没有任何添加剂也没有移除任何葡萄的天然成分。

⏱ 上图

显微镜下的两种葡萄酒，上面一张为普通商店中售卖的桑塞尔白酒，下面一张为 Sébastien Riffault 的天然桑塞尔白酒 *Auksinis* 。

几个月之后，Laurence 将显微镜下的葡萄酒照片发给了我，对比非常明显（见右图），*Auksinis* 中满是酵母菌，虽然有些是死酵母，但是大部分都保持着活性状态；然而另一款普通商店中买回来的酒看起来就毫无生气。Laurence 甚至将 *Auksinis* 这款酒中含有的乳酸菌（她认为是乳酸菌）滤出并且培植出了菌种。这款酒中含有许多微生物，但是跟西方世界尊崇消毒的理念不同的是，这款酒稳定性强而且口感完美。这是一款 2009 年的酒，口感偏酸，略有烟熏味，还带有些许相思木、蜂蜜和青柠的清香。酒香清甜而纯净，完全没有任何刺鼻的气味。

从外观上看，这两款酒并无明显区别。两种都是桑塞尔葡萄酒，同样都在英国发售，但

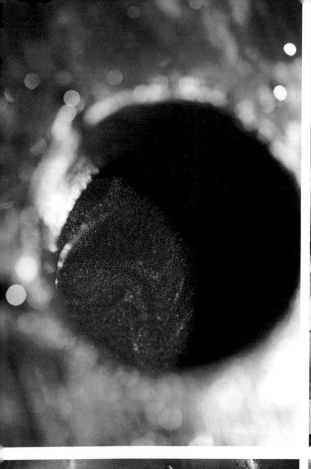

PAS COMME LES AUTRES

CAVE A MANGER
VINS VIVANTS
BEZIERS

Tél. 04 67 48 53 05

是瓶子里的内容物可谓有天壤之别，仿佛一瓶装的是粉笔，另一瓶装的是奶酪。两瓶酒的口感当然完全不同，但是这种差异可不仅仅是主观的"我喜欢"或者"我不喜欢"，它们的根本区别在于葡萄酒内部所含的微生物种类和数量的不同。Auksinis 中富含微生物，但是普通商店卖的酒则没有。因此，Laurence 培养皿中 Riffault 的葡萄酒，不仅是一杯富有生命力的酒，而且还可以让人品尝到专属于桑塞尔的特有风味。

⏱ 上图

"培养"（élevage）对于有生命力的葡萄酒是非常重要的过程，这一过程能够增强葡萄酒陈年过程中的稳定性。自然酒的陈年潜力非常强，而细菌在其中扮演了重要角色。

———

⊖ 左图

自然酒生产者们使用天然酵母来酿造具有生命力的葡萄酒，这对于酒的风味有着很大帮助，卢瓦尔河产区农业生物协调部（Coordination Agro-Biologique, CAB）的葡萄栽培及酿酒技术顾问 Nathalie Dallemagne 说："在显微镜下可以观察判断发酵葡萄汁中是否使用了商用酵母，商用酵母一般比野生酵母的体积大，细胞结构看起来完全相同，并且都是源自同一菌株。"

酒的科学

最近有三项科学研究进一步证明了葡萄酒内的生命力，并且这种生命力可延续数十年甚至数百年。首先，在 2007 年的《美国葡萄酒学与葡萄栽培杂志》（*American Journal of Enology and Viticulture*）上曾刊登了一篇研究文章，课题为"葡萄酒贮存期间瓶中微生物的存活状态"。研究选取了不同年份的波尔多葡萄酒，最早的一瓶可追溯到 1929 年。他们发现大部分较早年份的葡萄酒中含有大量酵母菌群。实际上，一款在 1949 年装瓶的贝萨克·雷奥良产区（Pessac-Léognan）的葡萄酒每毫升含有 400 万个菌落。研究表明，这比现在许多还未装瓶的葡萄酒中所含的菌落数量还要多出 400 倍至 4000 倍。研究同样发现，接受测验的葡萄酒中 40% 都含有乳酸菌。

2008 年，瑞士联邦农业科学院可持续性研究所（Agroscope Wadenswil Research Institute）的 Jürg Gafner 博士选取了一系列罗诗灵[1] 干白葡萄酒进行微生物研究，其中最早的年份是 1895 年。令人吃惊的是，他从不同年份的葡萄酒中分离出了六种休眠状态的活酵母菌株，其中三种来自年份最老的那款酒。

1 罗诗灵（Räuschling），古老的白葡萄品种，主要生长在瑞士北部和德国南部，以及法国的阿尔萨斯地区。

最后这个研究结果可能是最令人震惊的。1994 年，法国的葡萄专家们品尝了一款 1774 年的汝拉黄酒（Vin Jaune）。即便开瓶时已距装瓶有二百二十年，但这款酒据描述，带有"一种复合的酒香，其中夹杂着咖喱、肉桂、杏子还有蜜蜡的醇厚口味，后味悠长"。微生物学家 Jacques Levaux 后来在实验室里对这款葡萄酒做了成分测验，发现其中含有许多细菌和酵母菌，虽然大部分都处于休眠状态，但仍然有很强的活性。

维也纳联邦高等学院暨联邦葡萄栽培及水果种植办公室（HBLA und Bundesamt für Wein- und Obstbau）的 Karin Mandl 博士对我说，葡萄酒中的细菌可能掌握着十分有趣的秘密。即使研究尚处在初期阶段，Karin 仍希望能培育从不同的葡萄酒中找到的细菌，以便确认哪一种细菌能够最大程度上影响葡萄酒的陈年能力。勃艮第的自然酒酒农 Gilles Vergé 也说："如果没有细菌的话，红酒是无法陈年的。由于细菌的存在，即使年份久远的陈酿也能保持口感新鲜。这些细菌能存活几十年，甚至几百年。细菌的存活条件并不苛刻，酒液发酵后的一丁点残糖就足够供给它们生存了。"

益处

看来，生命才是关键。这不仅在葡萄种植和发酵的过程中很重要，也对葡萄酒是否具备优雅的陈年能力起着举足轻重的作用。并不是说只有自然酒中才有生命——毕竟，所有的葡萄酒都在生产环节中加入了酵母和细菌（不管是否是天然酵母），因此在生产过程的某个特定环节，所有的葡萄酒都是有生命的。只不过自然酒的生命力要比其他葡萄酒更强而已。许多传统的葡萄酒也含有微生物种群，但是微生物含量的多少取决于许多因素，从种植方法到入窖酿造之后添加剂的使用，都会对微生物含量产生影响。比如，店售葡萄酒在 Laurence 显微镜下丝毫看不见酵母菌的踪影，很可能是由于酒液经过彻底过滤（extreme filtration）导致的。

人工干预影响了葡萄酒中的微生物群，也因此影响了葡萄酒的口感，意大利东部科利奥产区（Collio）的 Radikon 家族从 1995 年开始专门酿造

不含二氧化硫的葡萄酒。Saša Radikon 告诉我们："添加了化学物质的葡萄酒宛如一条直线，这条线的长度取决于酿酒师的功力。关键是，这条线会戛然而止。但自然酒则不同，它像一条巨大的波浪线。有的时候口感丰富，有的时候略显平淡。而且正如所有的生命体一样，它也会有死去的时候，可能是明天，可能是二十年后。"Saša 还说，自然酒的生命力本质上与酒中的生命息息相关，其中的变化在一年间是非常明显的。"我们的酒窖不控温，温度随着季节而变化。冬天的时候，万物活跃程度降低，葡萄酒也不会发生什么变化。到了春天，万物复苏，葡萄酒也重焕生机，口味变得更加有层次，口感也会发生变化。然后步入秋天、冬天，再度进入沉睡。这种葡萄酒绝对是非常鲜活的。"

鲜活的葡萄酒口感犹如万花筒一般丰富多变。今天品尝它，是某种口感；而明天再尝，风味又有变化。这些葡萄酒的口味每天都在改变，而且味道复杂醇厚，像是婴儿床上吊着的旋转玩具一样，每个小部件都独立转动，随时间展露出不同的样貌，整体的风味从不相同。有时奔放浓烈，有时内敛含蓄，有时大鸣大放，有时偃旗息鼓。就好像酒中的微生物也需要时间苏醒和反应，或者它们仅仅只是躲在角落里生闷气。

如今人们开始讨论"第二基因组"（second genome）。从生物学的角度来看，我们人类可远不是一个孤零零的自我。《纽约时报》的 Michael Pollan 说，人类作为携带了众多生物学信息的个体，有 99% 的部分是由其他物质组成的。而葡萄酒也是这样，它不是简单的感官化合物、酒精与水的结合，它还包含着其他物质。葡萄酒像人类一样活着，有时候挣扎纠结，有时候自我保护，抵御困难。它们不断生长、繁殖、沉睡、衰老、死亡，这是葡萄酒的根本所在。正是因为有这个过程，葡萄酒不是一杯浅薄而乏味的无菌人工酒精饮料。

※ 葡萄园中的"药草" ※

访问 ANNE-MARIE LAVAYSSE

Anne-Marie Lavaysse 和儿子 Pierre 一起经营自家的 Le Petit Domaine de Gimios，酒庄占地约 5 公顷，位于法国朗格多克的圣 - 让 - 德米内瓦（Saint-Jean de Minervois），是一家使用生物动力法的葡萄园。这里的麝香葡萄酒闻名遐迩。

"我一向不喜欢用大夫给我开的处方药，而是喜欢用野生药草来给自己、孩子，还有我的动物治病。所以这样照料我的葡萄藤也是顺理成章的。如果想要葡萄藤健康、快乐地生长，难道还有什么更好的办法吗？

"我任凭野草在葡萄园肆意生长，所以葡萄藤周围都环绕着南法特有的灌木丛。丛中有各种不同的植物，而且每种都有着浓烈且独特的香气，我恍然大悟，原来灌木中的各种植物是葡萄藤的邻居，它们一起生活，患难与共，生活经历完全相同，但灌木却没有得病。我认识其中的几种植物，有两三种是可以用于消炎和解毒的。我知道对于葡萄来说，内部树液的流通至关重要，这能帮助它们排出自身系统内的毒素。所以我就跟着直觉寻找，一旦加以仔细观察，那株正确的植物就仿佛开口对我说话了。

"我会在阳光下将这些植物进行搅拌和浸渍，再把得到的液体涂抹在葡萄藤上。效果显著。葡萄藤长得非常漂亮，丝毫没有感染粉孢子一类的东西。我们十年来都坚持这样做，葡萄藤一直都茁壮成长。

"我们用的是什么植物呢？其实这完全取决于我的目的。有些植物可用于防腐抗菌，我就会用它们来消炎或者退烧。有些植物可以用来清理体内垃圾和调养身体，这些植物不仅葡萄藤可以用，人类也可以用。

"鼠尾草可用于净化肝脏毒素。它可以泡茶，还可以用在葡萄藤上，用于清肝的那些成分也可以给植物解毒。鼠尾草还能抗菌，可以有效去除附着在植物上的多余真菌。

"贯叶连翘是一种具有极强治愈能力的植物，通常生长在葡萄藤间，开着明黄色的

⊙ 左图、中图

Anne-Marie 用木樨花来料理葡萄藤，由于岩蔷薇具有防真菌的作用，所以也进入了她药草茶的配方当中。

———

⊙ 右图

Anne-Marie 也收集野生药草用于治疗及食用。比如图中的野生茴香就可以用来做饭。

小花。我会把花朵最上端的部分剪下，晒干做花草茶，具有舒缓安神的功效，可以帮助放松肌肉，有助于睡眠。它对人体的感官神经也有功效，因此也可用作抗抑郁剂以及人和动物的镇痛剂。此外，你还可以把它的花朵浸泡在油里，在太阳底下放置三周，然后便可用于治疗烫伤或减缓肌肉酸痛。

"欧蓍草也是一种可以用于清洁的植物，对女性很有帮助。每个月痛经的时候，我就会用蓍草的花给自己泡杯茶，当然你喜欢的话也可以加一些叶片，非常管用。蓍草茶有舒缓的效果，还能帮助调理身体系统。葡萄藤发生问题的时候，我也会用蓍草。它含有天然硫化物，所以其抗菌性可以用来防止植物产生粉孢子。蓍草同样可以帮助内部组织的愈合，所以如果葡萄藤内部的树液管道发生问题，比如，出现堵塞或者由养护不当引起的内部损伤，都可以用蓍草来解决。

"黄杨木是有毒的，因此使用时要多加小心。黄杨的花有抗菌作用，叶片则有很强的清洁能力。发烧时可以用黄杨的叶子来帮助发汗，从而将病毒排出体外。我经常在当季的时候采摘一些黄杨的叶子带回家储存。可以把叶子放在水里煮五分钟，然后滤出水，直接饮用。如果你患上重感冒高烧不退，或者感觉身体非常不适，就可以用水煮黄杨叶子，喝上两天，非常管用。它还可以用来给外部伤口消炎，加速伤口愈合。"

酒窖：加工程序与添加剂
THE CELLAR: PROCESSING & ADDITIVES

我们往葡萄酒里添加了一大堆有毒物质来强行调整它的口感，以使其更符合我们的喜好，然后我们惊叹道：葡萄酒竟对身心健康毫无益处！

——老普林尼，《自然史》（*Natural History*），第十四卷，130 页

许多人都认为，葡萄酒是一种由葡萄制成的手工制品，工具也非常简单，无非是一些榨汁设备、压力泵、橡木桶或者大缸还有装瓶机器。但是他们都没有意识到，实际的情况要比这复杂得多。除了要用二氧化硫、鸡蛋还有牛奶之外，由于瓶标方面相关规定的欠缺，人们可以暗中使用许多添加剂、加工助剂还有设备。美国加利福尼亚州的自然酒酒农 Tony Coturri 说："在美国，你甚至可以在酿酒过程中用消泡剂。比如你在葡萄酒装桶的时候，直接加入消泡剂，就不需要将葡萄酒静置等到泡沫自然沉淀。然而，如果你把这种助剂添加到鸡肉或者其他食物中，别人就会说：'住手！你这是在干吗啊？'美国食品及药物管理局会立刻让你关门大吉。"

⏱ 上图

美国加利福尼亚州 Donkey & Goat 酒庄的葡萄分拣台。工作人员正在检查葡萄质量。

大概是出于这个原因，酿酒师们通常都不太愿意讨论自己在酿酒过程中使用了什么，尽管他们的做法其实并没有违法。于是整个葡萄酒工业好像被蒙上了一层神秘的面纱。有好几次我跟葡萄酒商的业务员一起品酒时，都发现他们对自己在售产品的了解真是少得可怜。除了知道酿酒的葡萄品种、酒是否用过橡木桶和熟成时间多久之外，其他一无所知。

有一些高科技设备可以用来调整酒精含量，或是对葡萄汁进行微氧处理[1]和无菌过滤。还可以用冷冻法将葡萄冰冻起来，令果实内的水分固化，这样在榨汁时水分就不会混入酒液中。冷冻法通常被用来模仿像苏玳（Sauternes）这种经典甜酒产区的葡萄被贵腐菌（一种灰霉菌）感染后所呈现出的浓郁口感。其他侵入性的设备还包括反向渗透器，它可以分离葡萄酒的各成分并去除某些不想要的成分。假设当年雨水较多，你可以用它滤出一些水分或者酒精，或者去除火灾产生的烟熏味，也可以去除酒中口感恼人的酵母菌株，比如酒香酵母这类东西。（详见87页）

每个国家对于添加剂和各类加工助剂的使用规定都不同。比如，在南方共同市场（MERCOSUR，包括阿根廷、巴西、巴拉圭和乌拉圭），包括血红蛋白在内的五十多类产品都是被允许使用的。在澳大利亚、日本、欧盟还有美国，则有七十多种助剂和添加剂被允许使用。其中包括像水、糖、酒石酸[2]这类简单的物质，还包括令人费解的单宁粉[3]、明胶[4]、磷酸盐[5]、交联聚乙烯基吡咯烷酮（PVPP）[6]、二甲基二碳酸盐[7]、乙醛[8]、过氧化氢[9]等。动物衍生物的使用也非常普遍，如鸡蛋中的蛋白和溶菌酶[10]、牛

---

1 微氧处理（micro-oxygenate），通过专用的微氧处理装置，精确控制氧气添加速率，在不锈钢罐中模拟橡木桶陈酿的技术。

2 酒石酸（tartaric acid）是一种存在于葡萄中的成分，从开花到成熟阶段，这种成分的含量恒定。葡萄成熟之后 pH 值会增加，酒石酸可以降低葡萄的 pH 值，杀死有害细菌。如果葡萄收获的时间过晚，酒石酸含量（或者总酸含量）较低，可在发酵果汁中加入酒石酸。这些晶体也是从前的葡萄酒中自然产生的沉淀物。

3 单宁（tannis）是一种天然的多酚类化合物，本身无色无味，但是会同唾液中的蛋白质发生反应，存在于葡萄梗、葡萄籽和葡萄皮之中带来干涩的口感。当葡萄酒无法从果皮、种子和梗中萃取足够的单宁时，酿酒师就会选择添加一些单宁粉，来提升葡萄酒中的单宁含量。

4 明胶（gelatin），从动物组织中提取，可以吸附葡萄酒中的悬浮颗粒，减少单宁。用于白酒中可以起到净化、降低单宁和苦涩口感的效果，红酒中可以减少单宁和涩味。

5 磷酸盐（phosphate）是一种常见的食品添加剂，在葡萄酒中加入三聚磷酸钠可以防止酒石酸的析出，加入六偏磷酸钠可以防止铁离子产生的不良影响。

6 交联聚乙烯基吡咯烷酮可用于吸附酚类物，在红葡萄酒中可增强颜色的稳定性，防止棕色酸败病。

7 二甲基二碳酸盐（dimethyl dicarbonate）是冷杀菌助剂，可用于葡萄酒的杀菌防腐。

8 乙醛（acetaldehyde）是葡萄酒中的风味化合剂，低浓度的乙醛会散发水果香气，浓度较高时会产生类似青草或者青苹果的味道。

9 过氧化氢（hydrogen peroxide）用于处理葡萄酒中过量的二氧化硫，以免使人产生不适。

10 溶菌酶（lysozyme）是一种天然的防腐剂。

奶中的酪蛋白（或称为"干酪素"）[1]、胰蛋白酶[2]（从猪和牛的胰脏中提取）、鱼胶（晒干的鱼鳔）[3]。

不论是重加工还是使用添加剂或者加工助剂，这些人为干预一般都是为了节省时间，让生产团队对于整个酿酒过程更有把握，尤其对大规模酿酒厂来说就更是如此。这就是商业世界所需要面对的现实，它要求生产者在采收后短短几个月之内就将酒水推向市场进行销售，这意味着这种人工干预有时会被误认为是一种"必需"的手段。葡萄酒是一种很特殊的饮品，制作它的原材料——葡萄里已经包含所有形成葡萄酒需要的元素，其他一切外物都是多余的。法国勃艮第产区的自然酒酒农 Gilles Vergé 在自家葡萄酒装瓶之前，要将酒在桶中放上四到五年的时间，他在 2013 年秋天告诉我说："现在（2013 年）市面上，大多数人卖的是 2012 这个年份的葡萄酒。以前人们都要把酒至少放上两三年的时间，等到酒自然沉淀，然后澄清，但是他们现在把这个过程加快了。马上 2013 年份的博若莱新酒就要开售了，但是我家 2013 年份的酒还浑浊得跟泥水一样！如果遵循自然的过程，根本不可能实现那么快速的澄清。"

这就是自然酒酒农的不同之处，他们酿酒并不是为了满足市场需求，他们将葡萄酒视为自己的孩子而非商品，不会寻求捷径，而是选择对葡萄酒、对土地以及对自我最有助益的方法。他们坚守着自己对于自然酒的信念，酿制带有风土特色的葡萄酒。酿酒过程中拒绝使用任何工具、加工助剂以及添加剂，因为这些"小聪明"都会让葡萄酒变得不够"自然真实"。香槟区膜拜酒的从业者 Anselme Selosse 说："一切都发生在葡萄藤上，一

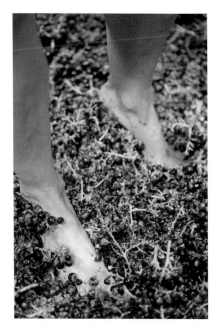

⏱ 上图

踩踏是最传统的葡萄压榨方法，至今仍在使用。这种方法施于葡萄浆果的力度非常柔和。

1　酪蛋白（casein）可以用于吸附葡萄酒中的悬浮颗粒，去除白酒中的色素，减弱苦味，还可以去掉过度使用橡木桶所带来的不适口感和单宁。

2　胰蛋白酶（trypsin）用于减少或者消除热不稳定的蛋白质。

3　鱼胶与明胶的作用相同。

切也都从葡萄藤上获得。在葡萄藤上，你可以发挥自己百分之百的潜力，之后在酿造中添加任何'小聪明'都是不可取的，你也许可以消除或者隐藏葡萄酒中的某些成分，但是这并不会为葡萄酒的品质加分。"

自然酒从业者将葡萄酒视为自己的孩子而非商品，总之，他们不会去寻求捷径……

酒窖：发酵
THE CELLAR: FERMENTATION

发酵是大自然将养分输送回土壤的过程。果皮上有着各种各样的微生物，随时准备开始进行这一加工过程。当果实成熟坠地，表皮破裂，微生物便长驱直入，分解果实中的物质，将养分输送回土壤。之后，植物又可以再度吸取土壤中的这些养分。

——Hans-Peter Schmidt，瑞士 Mythopia 种植园

酵母菌、细菌及其他微生物将复杂的有机化合物（比如植物、动物，还有其他由碳组成的物质）分解为较小的化学成分，这就是发酵。在葡萄酒酿造的过程中，这一步起着至关重要的作用。葡萄果实内的各种化合物分解后，甜美的果汁变成了酒精饮料，产生了那些让葡萄酒变得更有趣的香气。如果不加干预的话，一般来说发酵分为两个阶段，先是酒精发酵（酵母作用），之后是乳酸发酵（细菌作用）。

神奇的是，促成这些改变的元素其实就在我们身边。比如说，在 1 毫升的水中有着上百万的细菌细胞，而 1 毫升的健康有机葡萄汁中则存在着上千万的酵母菌细胞。难怪《纽约时报》科学专栏作家 Carl Zimmer 会这样描述："我们人类长大成人的时候，体内会有一个重达 1 千克的器官，用来存放'其他东西'。"这些东西有些是良性的，有些是病原体，但其中有许多都对健康颇有助益。

◐ 上图

从健康的种植园中收获的葡萄，即使不管它，也能自己开始发酵。

我自己在家发酵过一些食品，也酿造过上千瓶葡萄酒，因此我对这些冲破果皮阻拦、奋不顾身投入发酵事业的隐形小战士们充满尊敬，是它们激发出了这些神奇的变化，让葡萄酒变得如此鲜活。比如，把水和面粉和在一起放在厨房里，适合酸面团发酵的环境就这样产生了。当你将葡萄汁放到大桶中，它就有可能变成葡萄酒或者醋，这取决于哪种微生物占据了

主导作用。实际上，酵母菌和细菌这两样东西在我们熟知的某些颇受欢迎的食物（比如奶酪、意大利蒜味腊肠、啤酒、苹果酒，当然还有葡萄酒）的制作过程中，都扮演着关键性角色。不过也并非所有的酵母菌和细菌都这么可爱，我们得找到那些有用的，然后再对其加以强化，它们就有很大的胜算攻城略地并守住它们的地盘。

酵母菌的工作

　　酵母菌是肉眼看不见的真菌。在合适的时间与地点，酵母菌可以进行指数级繁殖。就葡萄而言，从土壤到葡萄藤再到酒窖中，酵母菌是无处不在的。它负责将葡萄汁中的糖分消耗掉，在这一过程中产生副产品——酒精、二氧化碳还有复杂的口感。酵母菌是自然酒的关键，也是"风土特色"的一部分，其他的部分还包括土壤、葡萄、气候、地形等。由于环境因素，每一年酵母菌的数量都会有差别，这就造成了"年份差异"（详见39—42页《葡萄园：理解风土》）。在葡萄酒酿造的不同阶段，不同的菌种会开始工作，像多米诺效应一样，前赴后继，当老的酵母菌死去，新的立刻替换上来。亲糖的酿酒酵母在烘焙和酿造的过程中尤其重要，它们能迅速接替其他酵母菌株，是葡萄酒生产的基础。

　　酵母菌以量取胜。要想有效实现天然发酵，充足的酵母是必要条件。如果使用不同的菌株，成品的酒液中就会产生不同层次的风味。来自法国东部汝拉省的 Pierre Overnoy 说："当官方宣布 1996 年的葡萄采收期时，我们测算了一下当年的酵母菌数量，大概是每毫升中含有 500 万酵母菌细胞（大约是一滴葡萄汁中的酵母菌含量）。当我们周边大多数种植园都开始进行采摘时，我们把采摘日期推迟了一个星期，直到酵母菌数量达到每毫升 2500 万。"Pierre 在葡萄酒的酿制过程中，坚持不加入任何二氧化硫，因此酵母菌群的数量和活性就至关重要，"为了避免发酵过程出现问题，并且为了保证口味的丰富性，酵母菌自然是越多越好"。

　　自然发酵比传统发酵要耗费更多的时间，因为与酒农们协作的是无法预知的野生生物。发酵可能需要几周、几个月甚至几年的时间。

🕐 左上图

自然发酵过程。

——

🕐 右上图

提取出新鲜发酵的葡萄酒之后，去除
酒桶中的果皮等残留物。

——

🕒 右图

桶边试饮，以把控葡萄酒的酿制进度。

传统生产者强调人工干预，做法十分不同。他们往往会消除原生酵母（采用加热、二氧化硫以及过滤法等），加入一些实验室培养好并经过测试的菌株，以期降低风险，加强特殊风味，并且提高生产速度。"酵母菌厂商们和葡萄酒界用来描述'风土'的说辞颇为相似，实在很有意思。"自然发酵的拥趸，风土复兴协会创始人 Nicolas Joly 说，"消费者应该被告知，酒香往往是在酒窖里被添加出来的。"

确实，许多商业酵母的小册子都有很强的可读性：

BM45：特别适合意大利桑娇维塞葡萄的酿造。能提升酸度，降低涩感……口感绝佳……酒水呈现出果酱般的香气，混杂着玫瑰花瓣及樱桃利口酒的甜蜜，馥郁的甜香，甘草汁和雪杉的清冽，打造出传统意大利葡萄酒的风格。

CY3079："经典"勃艮第白葡萄酒专用。带来花朵香气，兼具新鲜黄油和面包烘焙过的醇厚感觉，伴随着蜂蜜、榛子、杏仁、菠萝的香气……口感丰富而饱满。

细菌的工作

数百万的细菌跟酵母菌一起工作，它们跟酵母菌一样覆盖在果实表面，分布在酒窖的墙壁上。其中一种关键的有益菌是乳酸菌（LAB，就是新鲜酸奶中的益生菌，在酿酒过程中也发挥着重要的作用）。它负责实施二次发酵，也就是乳酸发酵。在这一过程中，葡萄汁中的苹果酸会被转化成口感较为柔和的乳酸，从而改变葡萄酒的质地和口感。严格意义上这并不算发酵，它代指的是在乳酸菌的作用下，苹果酸被分解为乳酸和二氧化碳，产生气泡效应的转化过程。

自然酒多半都要经过这一过程。因为自然酒的发酵过程不经人工干预，当酵母菌完成酒精发酵之后，细菌会自动接替上来（但是有时候，在

酒精发酵过程结束之前,细菌便开始进行乳酸发酵了,这就有可能导致挥发性酸的产生)。当然有时也不一定会发生乳酸发酵,尤其是当葡萄酒的 pH 值较低的时候,这就要看每一年收获的葡萄本身的差别了。

葡萄酒中还有一类至关重要的细菌——醋酸菌。它会发酵乙醇,形成醋酸并且散发出"强烈的刺鼻酸味"(详见 87—89 页《误解:葡萄酒的缺陷》)。一旦这种细菌占山为王,可能会导致葡萄酒变质,而且还有可能会变成醋。

采用人工干预的传统生产者主张阻断乳酸发酵,以创造出特定的酒水风格,尤其是活泼清新的白葡萄酒。这使他们离自然酒更远了一步,迈向了定制风格酒的道路。为了达到阻断乳酸发酵的目的,酿酒师会采取冷却、过滤等手段,或者加入二氧化硫或 Lalvin EC-1118 这类专用酵母来杀死乳酸菌。这类专用酵母会在发酵过程中产生高浓度的二氧化硫,抑制乳酸的生成,从而阻断乳酸发酵。

我个人认为,阻断乳酸发酵会妨碍葡萄酒的整个自我发展过程,剥夺品酒者体会葡萄酒浑然天成的完整风味的权利。被刻意阻断乳酸发酵的葡萄酒就仿佛被套上了一件紧身衣,口感缺乏特色,显得收敛无趣。同理,有时候酿酒师也会人为加入一些乳酸菌来加速或控制乳酸发酵的过程。

🕒 上图与左图

La Ferme des Sept Lunes 酒庄的所有葡萄酒都是自然发酵的,并且各类型与风格的酒都不会被阻断乳酸发酵。

让自然做决定

许多在酒窖中使用的人工干预手段,都是用来调控各类微生物群的:削弱其活性,甚至要彻底消除以降低这类微生物对葡萄酒的影响;或是添加并助力某类微生物以更好地完成工作。健康且富有活性的微生物菌群同绿色的种植园生态是分不开的,如果你使用的是健康的、富含微生物的葡萄,那么就像是一位酒农曾经告诉过我的那样:"葡萄酒会自己成就自己的。"

※ 谈面包 ※

访问 ANGIOLINO MAULE

Angiolino Maule 曾经是一位萨克斯演奏家，后来成了一名比萨师，如今则是意大利最为杰出的自然酒拥趸之一。他的酒庄 La Biancara 位于意大利的威尼托，占地约 12 公顷，园中除了葡萄之外，还有一百余棵橄榄树、樱桃树、无花果树、杏树和桃树。Angiolino 也是意大利 VinNatur 天然葡萄酒酒农协会的创始人，引领了葡萄酒行业的多项改革。

"我们家的酵头面团有超过一百年的历史了，这个秘方是从我们家的一位烘焙师老朋友那儿得来的。我和我的妻子后来在经营自家的比萨餐厅 Sax 54 时也一直用它。这家餐厅我们经营了十二年，后来我们就开始经营 La Biancara 酒庄了。之前做比萨的时候，我们一直用这酵头来做木烤比萨的饼底，而且我们也会把这种做法传承下去，因为饼底的制作主要依靠野生酵母菌，时间越久，变化就越丰富。但是面包烘焙的成功秘诀并不在于酵头，而是胚芽。

"我们所使用的小麦中含有胚芽，这就是我们的面粉和商店里售卖的面粉的根本区别，也是决定小麦质量的根本原因。我们要求小麦必须是全麦，无任何添加，也没有人工去除任何成分。

"要做到这一点很难，除非你买的是谷粒，而不是面粉。面粉是经过人工干预的产品，而且完全按照工业化的标准出产，加工之后可以储存几年的时间。这很令人遗憾，因为小麦中最重要的就是胚芽，它使小麦制品富有活力。胚芽中含有丰富的维生素、矿物质以及蛋白质。但麻烦的是，如果对胚芽不加处理，面粉会很快就变质了。因此，商业磨坊会将胚芽和小麦胚芽油移除，这样面粉就能保存更久的时间。经过这样的处理，面粉的营养含量和美味程度都大打折扣了。

"因此，我们选择买谷粒而不是买面粉。这种全麦谷粒也是从其他的自然酒酒农那里购买的，那位酒农在皮埃蒙特，他在自己的葡萄园里种了小麦。这种全麦谷粒可以储存

🕐 **上图与右图**

用自家一百余年的酵头，加上自家厨房新鲜研磨的面粉，揉完面团之后，放着发酵，然后再进行烘烤。Angiolino 说："每个人都可以在家自制面包。"

好几个月，所以问题不大，我们有需要时才磨一些来用，然后马上用新磨好的面粉来做面包。

"以前我们会扛着 5 公斤的麦粒，去当地的一个小磨坊请人磨成粉，但是现在意大利小村庄里这种传统磨坊已经不存在了。如果你扛着这些麦粒贸然跑到小磨坊里，他们只会斜睨你一眼，再说现在也没有磨坊会加工这么少量的麦粒了。因此，我们在自己家里备了一个小石磨，大概跟咖啡研磨机一样大，能把麦粒完全碾碎，但是保留精华部分，包括富含纤维的麦麸。保留麦麸的好处在于这样制成的面包会带有一丝甜香，虽然麦麸并不是糖分，但这会让面包口感更好，而且也比普通面包更易消化。

"我们每周都制作一到两次面粉，主要是用来做面包。大概只需要 1.5 公斤现磨面粉，700 毫升水，一小撮盐以及 100 克酵头。酵头的制作很简单，只需把水和面粉（混合之后，将面粉和水调成浓汤或粥的黏稠程度）放在厨房案板上就可以了。（为了启动发酵，你可以加入一些鲜酸奶、蜂蜜或者一小片苹果，这都是富含酵母的材料，一般来说充分发酵需要两到三天的时间。）面团会自动开始发酵，我们只需要像喂养小宠物一样，给面团"投喂"一些面粉就够了。

"我们将面粉、水、盐和酵头揉到一起直至黏稠，再揉上 10 分钟的时间，所有材料均匀混合之后，再放上 48 个小时。然后将面团放到烤箱里，用 250 摄氏度烘烤 30 分钟。

"热腾腾的面包就做好啦。"

如果一个国家的面包吃起来味同嚼蜡，那这个国家是没有前途的。

——Julia Childs，已故美国厨师和作家

酒窖：葡萄酒中的二氧化硫
THE CELLAR: SULFITES IN WINE

每当我往葡萄酒中加入了二氧化硫之后，我都会觉得很沮丧，因为我知道这酒有一部分已经消逝了。

——Damian Delecheneau，法国卢瓦尔河产区自然酒种植园 La Grange Tiphaine 庄主

🕐 上图

法国勃艮第的自然酒酒农 Gilles Vergé 和妻子 Catherine 都坚持酿造不添加二氧化硫的葡萄酒。

"我一直大力宣扬自己的葡萄酒中不添加任何人工成分，甚至是二氧化硫，"法国勃艮第的自然酒酒农 Gilles Vergé 说，"反欺诈调查组和海关人员可能都不太喜欢我这么高调，所以有一天，他们来到我的酒庄门前，开始了为期四年的调查，直到 2013 年春天才结束。他们竭尽各种方法想要抓到我的小把柄，用高清晰度的核磁共振光谱仪来解析我的葡萄酒成分。他们彻头彻尾地检查了个遍——想要知道我是否有加入水，检查酒内所含葡萄糖的品质，等等。这是我见过最全面的调查，精密程度数一数二。可惜的是他们什么都没发现，一丝可疑的蛛丝马迹都没有找到。实际上，跟许多人所想的恰恰相反，甚至连检测出的二氧化硫含量都为零。一般来说在葡萄酒酿制的过程中，酵母都会产生微量的二氧化硫。可在我的葡萄酒中一点二氧化硫都没有发现，连我自己都觉得不好意思了，因为我觉得整个调查肯定花了他们不少钱吧。"

Gilles Vergé 的故事并不少见，因为在葡萄酒业界，二氧化硫的使用是一个意见相当两极的问题，尤其是当人们意识到添加了二氧化硫的食物对身体健康有负面影响。二氧化硫的用量——或者说不用二氧化硫——是自然酒的决定性特征之一。

Gilles 提到过，酵母菌在发酵过程中会天然产生微量的二氧化硫——大概是每升中 20 毫

克的量，某些酵母菌株可能会产生更大的量。但是现在许多酿酒师使用的二氧化硫量则高出许多，他们都会狡辩说二氧化硫不仅是一种必需的防腐剂，而且如果没有它就几乎不可能酿出高质量的葡萄酒。

美国从 1988 年开始（欧盟从 2005 年开始）明确要求所有红酒厂商，只要每升葡萄酒中含有超过 10 毫克的二氧化硫，就必须在该酒标志上明确标识"含二氧化硫"的字样。但真正的问题是，每升葡萄酒中到底该含有多少二氧化硫？比如说，一位真正的自然酒酒农，即便不添加任何化学药剂，所酿成的葡萄酒中每升都天然含有 15 毫克二氧化硫，因此这类葡萄酒瓶身上需要标注"含二氧化硫"。现在许多葡萄酒制造商的"工业产品"中每升的二氧化硫含量高达 350 毫克，可是二者在"含二氧化硫"的标签使用上居然毫无区别。欧盟对于不同葡萄酒中的二氧化硫含量进行了详细规定，红酒中可每升含有 150 毫克，白酒可含有 200 毫克，而甜酒中可以含有 400 毫克，美国则不分品类规定每升只能含有 350 毫克。简而言之，按照当前这种情况，我们根本不知道自己喝的是什么。

二氧化硫是硫元素的产物之一，大部分的硫化物是石油化工业的副产品。燃烧化石燃料以及熔炼含硫的矿石都会产生硫化物。常用于酿酒的可产生硫化物的化学制剂包括二氧化硫、亚硫酸钠、亚硫酸氢钠、焦亚硫酸钠、焦亚硫酸钾、亚硫酸氢钾（这些化学成分的代号分别是 E220、E221、E222、E223、E224 以及 E228）等。这些化学元素（在葡萄酒业界）通常被统一指代为"二氧化硫"或者（被错误地称为）"硫"。

为什么要使用二氧化硫？

二氧化硫作为酿酒使用的添加剂，可以呈现为许多不同的形态，比如说气体、液体、粉末或片剂等。在红酒酿制的任何阶段都可以使用二氧化硫：如葡萄采摘之后要送进酿酒厂时可以添加，当葡萄汁和葡萄酒开始发酵时可以添加，也可以在运送过程和装瓶过程中添加。二氧化硫本身具有杀菌效果，因此在发酵阶段使用，有助于削弱或者消灭葡萄果实自带的野生酵母和细菌，然后酿酒商就可以使用自己选择的菌株。二氧化硫也会

用来给酿酒设备除菌，同时维持葡萄酒在装瓶过程中的稳定性。它的抗氧化成分可以防止葡萄酒与氧气接触，同时杀死导致葡萄汁褐化的各类酶（如果你把苹果切开，果肉暴露在空气中，苹果也会有类似的褐化现象）。

在传统的葡萄酒酿造过程中，二氧化硫是专门用来控制所谓的"风险"因素——比如各类细菌微生物，或是用来塑造葡萄酒的特定口味。以上这些都可以通过添加二氧化硫来做到。但是自然酒酒农稍微有些不同，他们热爱葡萄酒风格的多样性，他们用自然赋予的力量来酿制葡萄酒。种植园本身的健康生态可以结出高质量的葡萄果实，这类果实本身带有多种多样的微生物，在酒窖里的整个发酵过程顺风顺水且效果显著。不添加二氧化硫是他们最好的选择。

有一些自然酒酒农一丁点儿二氧化硫都不加，当然，还有一部分人通常会在装瓶阶段添加少许。如果他们选择加入二氧化硫，一般都是被市场情况所迫（比如不得不提早发布这款酒），或是当年的葡萄有些问题（比如遭遇病虫害或者气候变化），或是酒农担心运输或者储存不当，完全撒手不管会让酒的质量失控。但是，就像索诺玛产区的 Tony Coturri 所说的那样："葡萄酒其实比人们想象的要更加坚强。就算我们对它不管不问——不添加二氧化硫之类的东西——它们其实也完全没问题。"

二氧化硫的使用与不同国家的文化也有关系，这就让事情变得更加复杂。"德国、奥地利甚至法国这类葡萄酒大国对于二氧化硫的使用都非常宽容。"来自意大利皮埃蒙特的酒农 Stefano Bellotti 这样说道。他的种植园从 2006 年开始就已经杜绝使用二氧化硫了，他介绍说："在 20 世纪 70 年代至 80 年代，我 90% 的葡萄酒都是卖给瑞士和德国的有机葡萄酒进口商，但是他们都会要求我加二氧化硫。与我合作的瑞士进口商曾经退给我一批白葡萄酒，他说：'这批葡萄酒每升二氧化硫的含量只有 35 毫克，我可不敢卖这样的葡萄酒。'"

"即便只加一点点二氧化硫，葡萄酒的变化也很明显，它的口感会变钝。"Saša Radikon 这样说，他的种植园位于斯洛文尼亚与意大利交界地带，从父辈开始便出产无二氧化硫的葡萄酒，是当地杜绝二氧化硫的先驱之一。"在 1999 年到 2002 年之间，我们推出了同一种葡萄酒的两个版本：一种在装瓶阶段加入了二氧化硫，含量约为每升 25 毫克，另一种则不添加二氧化硫。加入二氧化硫的版本在香气形成上大概要慢一年半。而且每年我们都会将两种酒带给专家们品鉴，绝大多数的时候他们都更喜欢无添加的那一版葡萄酒。其实这并不意外，因为葡萄酒需要氧气，它可以帮助葡萄酒以完美的速度发生演变。而且，我们发现装瓶两年之后，在那批每升 25 毫克二氧化硫的葡萄酒内再也检测不到任何二氧化硫的存在。真是令人费解，那当初费那么大劲干什么呢？"

⏱ 上图

不添加二氧化硫的纯净葡萄酒对人体更好，Le Casot des Mailloles 酒庄的创始人兼前庄主解释道："二氧化硫的问题在于，不仅在葡萄酒中，它们在生活中也随处可见，比如在果酱蜜饯、熟食还有鲜鱼中，而这些二氧化硫在体内是不断累积的。"

——

⊙ 下页图

用这种小型板条箱来运输人工采摘的葡萄可以保证果实完好无损，从而减少氧化的风险，避免使用二氧化硫。

※ 二氧化硫简史 ※

在葡萄酒的圈子里总把二氧化硫说成一种从远古时期就开始使用的添加物。然而认真研究一下就会发现，其实它是近期才开始投入使用的。所以我觉得应该简单介绍一下二氧化硫，这些内容也是我在为这本书做研究工作时了解到的。

葡萄酒距今已有八千年的历史，起源于安纳托利亚南部（今土耳其东部）或外高加索地区（今格鲁吉亚、亚美尼亚）。葡萄酒被"发现"时，并没有添加二氧化硫的痕迹。实际上，即使时间推移到五千年之后的古罗马，二氧化硫依然没有出现。"我没有看到什么明确的证据，"美国宾夕法尼亚大学负责生物分子考古研究项目的学术总监 Patrick McGovern 博士说，"我们检测过古时两耳细颈酒罐里的残留物，在里面没有找到足量的硫元素能够证明人们在酿酒时会特意添加二氧化硫。"

任职于法国罗纳河谷 - 阿尔卑斯地区的高卢罗马博物馆的 Christophe Caillaud 也同意这一说法："天然的硫元素在远古时期有很多用法，古罗马人用它来进行提纯和消毒。比如说庞贝时期的清洁工人会用它来作为漂白剂，这一点古罗马的博物学者老普林尼在书中提到过。罗马哲学家加图曾经提到过用二氧化硫来杀虫，同时也可以用来修补葡萄酒罐子的涂层。但当时的人们好像并不知道二氧化硫可以用于葡萄酒防腐。二氧化硫的这种用法直到 18 世纪才广泛流传开来，到了 19 世纪的时候最为兴盛。"

来自阿尔卑斯地区的自然酒酒农 Hans-Peter Schmidt 也在这个问题上给了我一些帮助。他曾经是一位研究生物分子的生态学专家，他的结论几乎一样。"葡萄酒作家经常会引用荷马、加图还有老普林尼的话，但他们其实跟葡萄酒都没有什么特别的联系。除了老普林尼在《自然史》（第十四卷二十五章）中曾错误引用了加图在《农业志》（De Agri Cultura）一书中第三十九章的内容。当然，要准确地考证还需要多花费一些时间。但我猜想在希腊和罗马应该都没有将硫用于葡萄酒保存和器皿消毒。"古罗马人倒是用了许多其他的添加剂（例如植物的混合物、沥青，还有树脂）来提升葡萄酒的质量。正如科鲁迈拉在《论农业》（De Re Rustica）中写道："最好的葡萄酒总能以其天然的质量给人带来欢乐；不需要添加任何东西来阻碍它散发天然的魅力。"

①上图

许多自然酒酒农都坚持不添加二氧化硫，Henri Milan 就是其中之一，他们酒庄的蝴蝶标志非常显眼，出产的红、白葡萄酒均不含二氧化硫。

我能找到的关于"葡萄酒与二氧化硫"的最早的文献要追溯到中世纪时期的德国。当时二氧化硫也只是应用于酒桶杀菌，而非葡萄酒防腐。"硫是在 1449 年引进德国的，当时为了管控硫的使用也制定了许多措施。"美国的一位有机葡萄酒生产商 Paul Frey 对于硫的问题做了深入研究。15 世纪的时候，科隆地区已经完全禁止了硫的使用，Paul Frey 介绍道："因为这不仅违反人的天性，对品酒者也是一种折磨。"同时，在罗腾堡，德国国王颁布法令明确限制"葡萄酒中掺杂硫，并且严格限制酿酒过程中在木桶中燃烧硫。硫只能用于脏酒桶消毒，且只能使用一次。根据法律规定，使用硫两次及以上是要受到处罚的"。按照这一规定执行的话，葡萄酒中硫元素含量大概为每升 10 毫克，按照当今标准来看，这含量简直微乎其微。

可以确定的是，到了 18 世纪末期，燃烧硫黄芯——这是荷兰贸易商们总结出来的方法——用于保存、稳定葡萄酒（主要用于运输过程中）逐渐变得司空见惯。但是即使在当时，人们也是有所犹豫的，"我的曾祖父 Barthélémy 在 1868 年曾经写到，他自己很怀疑是否有必要在葡萄酒中使用硫。"波尔多产区硕果仅存的自然酒酒农之一 Jean-Pierre Amoreau 这样说，"但他那时候使用的硫非常基础。"Amoreau 家族的 Château le Puy 酒庄坚持有机酿造葡萄酒已经有四百年历史了，并且从 20 世纪 80 年代开始生产不含二氧化硫的葡萄酒。

情况在 19 世纪的时候发生了改变。炼油厂登上历史舞台，石油化工业随之兴起。一夜之间，二氧化硫唾手可得。再加上英国在 20 世纪早期发展出了更先进的硫的交付方式——比如液态的坎普登水果保鲜剂和固态的坎普登片剂，为二氧化硫的未来奠定了基础。现在酿制葡萄酒时直接加入二氧化硫已经屡见不鲜了。

品酒：以眼试味
TASTE: EATING WITH YOUR EYES

你知道最可怕的是什么吗？现在许多品酒的人会把葡萄酒的清澈程度作为葡萄酒质量的保证以及判断标准。这太荒唐了，其实要得到清澈的酒液只需要过滤一遍就行了。

——Pierre Overnoy，法国汝拉省自然酒酒农

2013 年的秋天，我和自然酒的传奇人物 Pierre Overnoy 在法国汝拉省碰面时，他对我说了以上的话。虽然听起来有些荒唐，但是事实的确如此。视觉在人们对饮食的判断上举足轻重，但这在葡萄酒的品鉴上就有很大问题。我有时会去一些葡萄酒的品鉴大会，看到一群同行品酒师认为某款酒看起来稍显浑浊就应该被淘汰，忽视了葡萄酒本身的品质。这个问题也同样困扰着酒农们，多年来，一旦他们出产的葡萄酒不符合当地葡萄酒委员会或者出口管理局的预期，就会被官方机构找麻烦。（详见 124—128 页《何人：局外人》）法国卢瓦尔河产区的自然酒酒农 Olivier Cousin 说："这很难，因为我们的葡萄酒是不过滤的，所以会有一些沉淀。人们给'完美'的葡萄酒设定了一个刻板印象，然后我们出产的葡萄酒仿佛就是不完美的了。但其实我们的酒才是纯天然的完美葡萄酒，因为那就只是葡萄汁发酵得来的。"

🕐 上图

尽管葡萄酒界普遍都明白，桶中抽取的样酒难免有些浑浊（如图），但装瓶时如果酒液依然浑浊，就会被（错误地）认定为质量有问题。

葡萄酒的原材料是水果，也就是说，榨成汁后总会包含一些"小颗粒"（比如果浆、果皮、仍然活跃或者已经死掉的各种微生物等）。随着时间推移，在适宜的环境下，这些小颗粒逐渐沉积，然后我们就可以获得清澈的酒液，最后装瓶。有些酒农在装瓶之前会将葡萄酒放置好几年，确保沉淀出清澈的酒液，比如勃艮第的 Gilles Vergé 就是这样。也有一些生

产商在整个沉淀过程结束之前就要装瓶了（大多是因为现金流的问题），这就导致葡萄酒看起来会有些浑浊。有些葡萄酒在装瓶时会特地保留一些小残渣，这样就形成了酒液浑浊的特定风格，跟传统的科丰杜普洛赛克[1]葡萄酒是一个道理。

而且，随着时间的推移，就算是最清澈最有活力的葡萄酒也会产生沉淀。大多数传统工业酿酒商会用添加剂和各类助剂来加速葡萄酒的沉淀（如过滤、澄清的各种手法），从而达到他们心目中认为消费者们想要的清澈效果。但从根本上来说，对于酒农们来说只有三条路可走：等待足够长的时间、维持酒液浑浊的样子，或者人工进行干预。

尽管有的时候酒液浑浊的确是酒的质量问题导致的（可能是二次发酵导致葡萄酒产生异味），但是绝大多数情况下，酒的质量都是没有问题的——就像是浑浊的苹果汁一样。实际上有些浑浊的自然白酒如果在开瓶前摇匀，会更加好喝。酒中沉淀的残渣摇晃后均匀分布在酒体内，让葡萄酒的口感层次更加丰富，味道更加醇厚，从而整体上达到一种新的平衡——就像是在骨架上增添了血肉一般。你可以自己试试，先倒一杯酒尝一下，然后轻轻晃动瓶身再倒出一杯尝尝。可以用这种方法尝一下不同的起泡酒，比如科丰杜普洛赛克或者年份更久的未过滤的白酒（但是不要用这种方法来喝老年份的红酒或者波特加强酒，因为这类酒的沉淀物颗粒通常较大，最好还是用换瓶的方式去除）。

我们中大部分人都是有套路的品酒者。当我们听到一些关键词的时候（比如产地来源或者葡萄种类），就会在一定的知识框架内判断葡萄酒，其中很重要的一个影响因素就是葡萄酒的外观。这甚至会影响到我们实际的味觉。我曾经往一瓶雷司令白酒中加入了一些无味的红色色素，并且遮住了标签，把酒拿给了一群品酒经验丰富的专家朋友。无一例外，每个人都以为这是粉红酒，甚至还说在酒里品出了一丝小红莓的气息。

我们的味觉早已被视觉框定好了，因此要脱离视觉来辨别味道是很困

---

1 普洛赛克（prosecco）是意大利传统起泡酒品种，通常采用普洛赛克葡萄由二次发酵法酿成，酒精度约为11—12度，果香芬芳而强烈，质地清爽。科丰杜普洛赛克是未经过滤的普洛赛克酒，"科丰杜"（col fondo）在意大利语中意为"带有沉渣"。

难的。你可以在家里做个小实验：将许多坚果和风干水果混合在一起，越多越好，找一个朋友将它们切得碎碎的，最好切到表面上看不出来是什么食物，然后蒙住你自己的眼睛，让你的朋友一粒一粒喂给你吃。你就会发现很难判断吃到的到底是什么。视觉很大程度上主导了我们的味觉，因此，如果要真正品尝味道，我们需要跳出框架，足够相信我们的舌头。当你开始注意辨别每一种味道，就可以逐步掌握这项技能，熟能生巧。

品酒：该有何期待
TASTE: WHAT TO EXPECT

自然主义是一条道路，而不是终点。我的目标是酿出独具地域特色、回味无穷的葡萄酒。唯有不加人工干预和纠正，才能产出这样的佳作。

——Frank Cornelissen，意大利西西里岛埃特纳火山的自然酒酒农

如果在众多评判食物的因素中，我们最在乎的是一致性，会发生什么呢？比如未经高温消毒的布里奶酪[1]，对你来说意味着什么？工业生产的品质稳定的卡蒙贝尔奶酪[2]难道不是更像那些经过高度加工的奶酪，而非最初让我们神魂颠倒的口感浓稠至极的奶酪？因此，当 20 世纪 90 年代欧盟想要禁止未经高温消毒的奶酪产品时，遭到了人们的强烈反对。当时威尔士亲王说："这让所有土生土长的法国人魂飞魄散，其他人也感到非常恐慌……对这些人来说，如果不能自由选择人类（尤其是法国人）精心打造的美味却不那么卫生的美食，那这辈子也就白活了。"

○ 上图

Le Casot des Mailloles 酒庄的品酒师 Alain Castex 在法国南部佩皮尼昂的 Via del Vi 自然酒展上小酌，在这里你肯定能碰到朗格多克 - 鲁西永一带的顶尖酿酒师。

——

○ 左图

这些橙酒的外观一开始看起来是有些不寻常。

因此，用品尝奶酪的思路来想想葡萄酒

如果从这一点出发，我们感受葡萄酒的方式就会有些不同。相当重要的原因是含有鲜活微生物的葡萄酒与经过杀菌

---

1 布里奶酪（Brie），起源于法国北部布里地区一种柔软的奶酪。
2 卡蒙贝尔奶酪（Camembert），一种软心白纹奶酪，以法国诺曼底地区的村庄命名。

🕐 上图与右图

自然酒通常以口味温和优雅而闻名。Tom Lubbe（上图）的 Matassa 酒庄位于鲁西永地区，生产热带气候的葡萄酒，综合南非及法国的风格元素，是这类葡萄酒的典范。Gilles Vergé 的酒产自气候较冷的勃艮第地区，口味也温和优雅。

和重度加工程序制造出来的商品有极大不同。我们现在对于"鲜活"的不同表现形式也更能接受了，在脑海中已经设定了许多维度和参数来衡量产品的鲜活度，并且很清楚我们的接受范围在哪里。如果你喝过康普茶（kombucha）——一种发酵茶饮，其中含有酵母和活性菌——你就会明白我的意思了。你第一次品尝的过程肯定会充满惊喜。刚入口的时候是甜甜的茶饮，然后就会出现酸酸的口感，最后还会出现些微气泡。但是，当你已经了解了康普茶的口味特点，那么你就会开始自在地享受这杯茶。因为未知的总是可怕的。在品鉴葡萄酒的时候就更为复杂了，因为我们自认为对它相当了解，但其实不然。绝大部分我们喝到嘴里的酒跟我们自以为喝下的口味相去甚远。我们对于品酒充满了先入为主的想法。

因此，品尝自然酒最好的方法就是完全不带任何有关葡萄酒的先入为主的想法，重新开始。

自然酒有何不同？

我经常会被问到一个问题：自然酒喝起来是否不同？其实这很难得出一个普遍的结论，因为这取决于你拿来比较的对象。我觉得等你读完《自然酒窖》（151—243 页）一章，应该可以自己总结出一些品酒经验。自然酒存在一些共通点，比如说所有自然酒佳酿口感都比较奔放（甚至有时会有一点点触电的感觉），蕴含的情感也更丰沛。自然酒的风味更丰富，通常口感都相当纯净，不会带有过于明显的橡木气息，也没有过度萃取的情况。整个酿造过程都很温和，并且酒农们都把葡萄酒的发酵过程称作浸泡。实际上，写到这里，我不禁想起咖啡与自然酒的共通之处。比如，用轻度烘焙后的咖啡豆萃取的咖啡，要比用浓缩咖啡机迅速而粗暴地萃取的那些，表现出更棒的香气（香味和酸度）和更为复杂的质地（油脂）。如此温柔而优雅的咖啡与自然酒是有异曲同工之妙的。

许多自然酒喝起来会有微咸的矿物质味道，这是由酒农的耕种方式决定的。培植葡萄藤的时候，让它的根系扎得越深越好，能够触到基岩，然后吸收富含活性的土壤中的矿物质。这种与土壤的亲密接触与联结可以让自然酒的口感变化层次远比传统葡萄酒丰富。这些酒液带给人的触觉体验也不一样，你甚至可以咀嚼这种酒。由于自然酒未经过任何澄清与过滤处理，仅仅靠着时间让酒液慢慢稳定沉淀下来，这让自然酒与传统葡萄酒之间形成了极其鲜明的对比。

但是，也许对于红酒来说最重要的是法国人口中的"可消化度"，我们（尤其是葡萄酒从业者）常常会忘记葡萄酒首先是一种饮品，因此"好喝程度"是衡量好酒的最重要的标准。可以确定的是，所有优质的自然酒都是非常易饮的。它们具有一定程度的"鲜味"，让你只要想起就垂涎欲滴，欲罢不能。当你了解到许多自然酒酒农酿酒是为了自饮而非售卖，就会明白这也并不令人意外了。总之，自然酒天生口感就比较轻盈淡雅，因此喜欢自然酒的人们大部分都喜欢它新鲜的口感与易饮度。

自然酒如此充满活力，甚至跟人有点像。有时奔放而宽容，有时含蓄而羞怯。有些人认为这种变化是缺乏一致性的表现，这种认知是错误的。好的自然酒，品质是恒定的，但是酒香方面是不断变化的——浓烈或含蓄取决于葡萄酒同空气接触的时间等因素。因此，如果你的酒尝起来口感发生了变化，比如没有记忆中那么饱满丰富，你可以把酒放到第二天再喝，你会发现杯中的葡萄酒突然焕发出新生。自然酒跟传统的葡萄酒非常不同，传统葡萄酒历经年月，口味大同小异，开瓶后 24 小时通常就变得十分封闭。而自然酒的变化则相当微妙，开瓶之后的存放时间也更长（详见 91—93 页《误解：葡萄酒的稳定性》）。

许多自然酒喝起来会有微咸的矿物质味道，这是由酒农的耕种方式决定的。培植葡萄藤的时候，让它的根系扎得越深越好，能够触到基岩，然后吸收富含活性的土壤中的矿物质。

※ 谈精油与酊剂 ※

访问 DANIELE PICCININ

Daniele Piccinin 在意大利的维罗纳省有一个占地约 5 公顷的葡萄园。园中培育了多个品种的葡萄，如达莱洛葡萄（durella），意大利语中意为"愤怒""坚韧"。从名字上也可以看出来，这种葡萄酸度较高。

"绝大多数酒农都会在种植过程中使用波尔多混合剂，这是一种铜与二氧化硫粉的混合物。虽然这对于消除霉菌非常管用，但是对环境有害。因为铜作为一种重金属元素，会在土壤和地下水中沉积下来。但是在葡萄栽培的过程中很难做到完全不使用波尔多混合剂，除非种植的土壤非常肥沃且各种元素平衡，因为一旦平衡被打破，真菌就会开始滋生。

"我们一直以来都在努力寻找波尔多混合剂的替代品。很偶然地，我认识了一位专门研究用植物来治疗人体真菌感染的专家。我们一起聊了聊有关植物精油萃取和植物蒸馏的话题，结合我在生物动力学方面的实践经验，我们创造了由几种植物搭配提炼出来的精油和酊剂，来维系园内的生态平衡。

"这就是我们在这件事上的最初尝试。"

萃取

"植物中富含油脂，比如说迷迭香、鼠尾草、百里香、大蒜以及薰衣草，都可以放到罐式蒸馏器中来萃取出精油。其他的像荨麻、马尾草还有犬蔷薇都富含各种元素，但可能不含油脂。比如说犬蔷薇就含有丰富的维生素，能够帮助身体吸收钙质，非常适合更年期的女性。因为很难将这些精华元素从植物内部提取出来，所以可以加入一些酒精，然后用加热的手法将这些植物做成酊剂。

"要制作酊剂，首先要制作'生命之水'，也就是用罐式蒸馏器来对葡萄酒进行两次蒸馏，然后就能得到酒精度在 60—65 度之间的类似干邑的酿造液体。将药草类植物浸泡在其中，约六十天后进行挤压，将汁液收集到罐子里。将所剩的固体残渣晒干，然后开始煅烧。我们直接用室外的比萨烤箱，加热至350—400摄氏度之后，将药草的固体残渣烧成药草灰。首先，植物会变黑，就像是用来烧烤的木炭一样。然后逐渐变灰，最后变成纯白色，令人震惊的是，这些白色粉末咸度很高，我第一次尝到这种粉末的味道时都不敢相信自己的嘴巴。这是因为燃烧过程中蒸发掉了植物中的水和碳，剩下的就只有矿物盐。最后，我们将这些粉末加入一开始滤出的汁水中，浸渍六个月左右，一份酊剂就制作好了。人和植物都可以使用。

⏱ 上图

Daniele Piccinin 的比萨烤炉，他用这个烤炉来煅烧植物。

"用这种方法焚烧植物可以萃取其中的精华，这是一种叫作'煅烧'的古老方法，在炼金术中有着广泛的应用。在意大利，我们管这种方法叫作 spagyria，意思是'去掉所有没用的部分'。比如通过煅烧，我们去除了碳元素，留下的就是植物中最为精华的部分，这便是整株植物的超强浓缩版。

"植物精油的功效非常强。比如说你用舌头稍微沾一小滴迷迭香精油，因为其味道相当强烈，接下来六个小时内你可能都尝不出任何味道了。

"使用中所需的酊剂和精油量是非常有限的。比如，用 30 千克的迷迭香可以提炼出 1 升的蒸馏液和 100 毫升的精油。这看起来不多，但如果是用来料理我园里的葡萄藤，我只需要往 100 升的自来水中加入 5 滴精油，再加入 100 毫升的植物蒸馏液，就完成了。一次蒸馏所制作的药剂可用来收成四次，所以你可以一次蒸馏一组植物，等到次年再做下一次就可以了。

"其实我们一开始的尝试并不是很成功。实际喷洒的时候，调和好的药液无法在枝叶上停留太久，药剂还没开始发挥效用就流失掉了。因此我们加入了一些蜂胶，还加入了松脂，这都是非常黏稠的液体，药液的防水性从而得到了极大的提升。

"这个过程非常缓慢，需要花很长时间才能慢慢完善。但我们在园中尝试了一下，有一个区域的葡萄藤是除精油和酊剂之外完全不使用任何化学药剂的，这些葡萄藤生长得比其他区域的要更为茁壮。其实我们每年的葡萄产量依然是有些减损的，而且现在还得抵御那些对喷洒过药剂的葡萄虎视眈眈的野猪和野鸟。"

误解：葡萄酒的缺陷
MISCONCEPTIONS: WINE FAULTS

如果想要酿出美酒，就一定要学会同各种失误周旋。

——Paul Old，法国朗格多克产区 Les Clos Perdus 的酿酒师

有一些人会宣扬这样一种错误观念：自然酒是错误百出的酒。当然，自然酒中也有一些残次品，毕竟自然酒界也有水平不佳的酿酒师，而且其中不少是因为对低程度人工干预处理不当所导致的问题。但是，实际上完全"报废"的自然酒是非常少的，喝到好酒的概率要比遇上一瓶坏酒的概率高得多。

我们列举了一些自然酒常见的缺陷，但遇上了也不用太过惊慌：这些缺陷对人体都是无害的。检测自然酒的标准就是你爱不爱喝，如果答案是肯定的，那么就无所谓了。

🕐 上图

鼠臭味来自葡萄酒与氧气的接触，可能发生在酿酒的任一阶段，尤其是在榨汁及装瓶过程中。

———

◑ 左图

浸泡在"生命之水"中的玫瑰果。

酒香酵母（布雷特酵母）★ 布雷特酵母（Brett）在葡萄园和酒窖中都起着至关重要的作用，这种酵母产生的一系列气息会让你想到"农场"。但是过量的布雷特酵母会彻底掩盖掉葡萄酒的风味。在酒里带有少许酒香酵母的气味究竟是好还是不好，不同的文化对此持有不同看法。旧世界对此接受程度较高，因为这种酵母可以让葡萄酒带有独特的风味，增添层次感；但如果你跟澳大利亚的酿酒师提到布雷特酵母，他们可能会频频摆手。

鼠臭味★★ 这类细菌感染容易发生在葡萄酒暴露在氧气中的时候，比如榨取或者装瓶的环节。但是当我们将葡萄酒放回无氧环境之后，这种细菌就会趋于稳定，它所产生的鼠臭

◔ 右图

我自己在品酒时拍到的酒石酸结晶。
我经常把它们抠下来单独吃掉，你也
可以尝一尝，味道就像柠檬般清爽。

——

认识葡萄酒缺陷的关键：

★ 代表此类错误并不仅存在于自然
酒中。

★★ 代表此类错误仅存在于或者更倾
向发生于自然酒中。

味也会消失。你用鼻子闻是闻不到鼠臭味的，因为在葡萄酒
的酸碱度范围内它不具有挥发性。但是一旦喝入口中，味道
就很明显了。鼠臭味体现为尾调中的坏牛奶味，会在口腔中
久久不散。人们（包括我本人）对这种味道多少有些敏感。
来自南非的一位自然酒酒农 Craig Hawkins 认为鼠臭味与高
酸碱值的环境有关。

氧化★ 从某种层面上来说，这是酒类缺陷中受到最多
误解的一个。因为许多人会乱用"过度氧化的葡萄酒"和
"氧化型葡萄酒"的概念。"过度氧化"是一种缺陷，但是氧化型葡萄酒却
是另一回事。有些自然酒带有氧化风味特征，但并没有被过度氧化。氧化
型葡萄酒的酿造工艺包括将葡萄酒暴露在氧气之中，有时需要持续暴露好
几年。二氧化硫含量低或者完全不含二氧化硫的自然酒（尤其是白葡萄
酒）接触到氧气的概率更高，因此也更容易出现氧化风格。这样的葡萄酒
风味会更为宽广，带有新鲜坚果以及苹果的香气，酒液会呈现出黄棕色。
但这些特征并不代表酒有缺陷。（详见 169—189 页《自然酒窖：白酒》）

黏稠★★ 葡萄酒的黏稠问题是罕见的。这种现象是由于葡萄酒中的
乳酸菌的某些菌株形成了链条，导致葡萄酒变得黏稠甚至有些油腻，因此
法国人称这样的酒为"脂肪一般的葡萄酒"，但葡萄酒的味道却不会发生
什么变化。自然酒酒农 Pierre Overnoy 和 Emmanuel Houillon 说，所有的葡
萄酒都会在某些阶段经历黏稠问题，但最终都还是会恢复到正常状态。
有的时候瓶内也会发生这种问题，但是给酒点时间，就会恢复正常。

挥发酸（VA）★ 挥发酸是以"克/升"为单位来统计的，通常闻起来
像是指甲油。它在葡萄酒内的含量是受到规定的，比如法国产区的葡萄酒
中挥发酸含量就不能超过 0.9 克/升。但是葡萄酒本身并不能用简单的数
字来框定，需要参考多种因素。有些酒的挥发酸含量很高，但是口感风味
上依旧完美平衡，比如它的香气足够馥郁，能够支撑起口味上的酸度。

其他特性★★ 当你倒酒的时候，如果发现杯中冒出一些二氧化碳的
小气泡，也不用担心。有些自然酒酒农会在装瓶时特意留下自然产生的二
氧化碳，因为这有助于葡萄酒的储存。如果葡萄酒在糖分充分发酵前就完

成了装瓶，二氧化碳就会在瓶中生成，这样葡萄酒就会再度发酵。因此，如果葡萄酒味道没问题，你就不用担心。或者在开瓶之后再摇晃一下瓶身，就能去除掉这些泡泡。

有时瓶内也会产生酒石酸结晶，尤其是白葡萄酒和粉红葡萄酒经过长时间的冷却后，更容易产生酒石酸结晶。在传统酿酒过程中，酿酒师们一般会将这些结晶沉淀析出。但是在自然酒界却略有不同。这些物质对人体无害，不过也就是一些天然的塔塔粉罢了。

那么，下次你听到有人聊葡萄酒缺陷的时候，不妨问问自己：是喝一款带有少许布雷特酵母或略带挥发酸的葡萄酒好呢，还是喝一款使用200%全新橡木桶酿制的葡萄酒好？是喜欢氧化过后的复杂口味呢，还是喜欢较为平淡、没有变化的风格？复杂性与缺陷之间仅一线之隔。毕竟，个性就意味着与众不同甚至是有些怪异，但我个人认为有个性远比单调无聊的产品有趣得多。

误解：葡萄酒的稳定性
MISCONCEPTIONS: WINE STABILITY

在 Michael Pollan 的《烹》(*Cooked*) 中写过这样一个匪夷所思的故事。一位来自康涅狄格州的修女 Noella Marcellino 非常擅长制作奶酪，她曾拿到微生物学方面的博士，并且做了一个实验来论证含有多种细菌的环境实际上可能比完全无菌的环境更为稳定。她做了两块一模一样的奶酪——一块用的是旧的奶酪木桶，其中含有乳酸菌的活性酵母；另一块用的则是完全无菌的不锈钢桶。她往两块奶酪中都加入了大肠杆菌，发现木桶中的奶酪上，活性酵母发挥了极大的作用，它们迅速"统治"了整块奶酪，保护奶酪不受污染。但是在无菌环境中这种大肠杆菌的滋生根本不受抑制，因为没有细菌能够和大肠杆菌作战。

🕐 上图

自然酒之所以具备很强的陈年能力，也许是因为自然酒中多样的微生物环境。

——

🔾 左图

随着时间推移，葡萄酒自然就会稳定下来，这也意味着它们会在酒农的酒窖中待上数年甚至数十年的时间，具体放多久要视葡萄酒种类而定。在法国，这被称作"培养"(élevage) 的过程，跟养育照料小孩所用的是同一个词。

这与葡萄酒有异曲同工之妙。只要有足够的时间，葡萄酒本身是具有生命力的，自然能找到在微生物环境间的平衡。相比充满防腐剂、被"精心保护"的葡萄酒，自然酒的防御能力更强。我们不需给葡萄酒额外添加防腐剂使之稳定，葡萄自身就具备发酵所需的各种元素，并且会随着时间而达到自然稳定的状态。只要酿制方法得当，自然酒在开瓶后要比传统葡萄酒更为稳定，能够在冰箱里储存几周时间。酒的香气会发生改变，但也不一定是变坏。我以前甚至喝过一些酒，开瓶一周之后的口感比刚开瓶时还要出色。

无论如何，自然酒是具有生命力的酒。它比我们想象得要更加坚强，但是保险起见，还是要悉心照料它们——放在阴凉处，不要放在烤炉旁边或者阳光直射的地方，基本就不会有问题了。

有生命的葡萄酒是稳定的，尽管在显微镜下看起来或许并非如此。它们需要依照自己的节奏来完成内部的循环与平衡。所以当这些葡萄酒来到顾客手里的时候，它们已经进入了成熟状态。这就像是奶酪的熟成一样：过早或者过晚去品尝，口味就不会那么理想。

——Nathalie Dallemagne，

卢瓦尔河谷 CAB 协会葡萄栽培及酿酒技术顾问

自然酒可以进行远途运输

传统的葡萄酒贸易行业对自然酒的认识有许多错误，其实自然酒是可以进行长途运输的。自然酒酒农们往往会将自家的酒运往世界各个角落，有些人会将酒储存在冷藏集装箱中，还有一些人就直接把酒放在甲板上，接受海上骄阳的考验。

葡萄酒稳定性的重要决定因素就是"时间"，这也就意味着如果你想走捷径，就必须牺牲掉酒的某一项品质——要么是葡萄酒的"陈年潜力"，要么是酒的自然风格——因为想要快速培养葡萄酒的稳定性，只能加入添加剂或者采用其他人工处理方法。"我们这些陈年的自然酒根本就不会有任何稳定性的问题，"（我在 2013 年采访的）Saša Radikon 这样说道，"我们现在上市的酒是 2007 年的酒，到现在为止这批酒已经有六年时间了，非常稳定且成熟，因此即使在运输过程中经历了温度的巨变，只要多放置一段时间，酒就能恢复到最佳状态。比如说有些进口商会选择7月炎炎盛夏来运酒，运到之后放上两周的时间，就不会有任何问题了。但如果是年轻的葡萄酒，可能情况就不一样了。这种酒的内部结构尚不稳定，也没有形成平衡，因此如果没有好好储存，品质是很有可能下降的。"Saša 的解决办法是针对年轻期的葡萄酒，在装瓶阶段往每升酒中添加 25 毫克的二氧化硫来增强稳定性。

陈年与自然酒

不是所有自然酒都能经得住时间的考验。事实上，所谓的"易饮型葡萄酒"大都是为了让人大口畅饮，需要尽早饮用。但是，有许多自然酒都具有很强的陈年潜力。我自己就有不少窖藏，并且也有一些陈年的惊艳之作，包括一款已有十五年的 Le Casot des Mailloles *Taillelauque*，一款 1991 年的 Gramenon[1] *La Mémé* 还有一款 1990 年的 Foillard[2] *Morgon*。别忘了，大部分的葡萄酒曾经都是自然酒，或者至少是秉持自然风格的，直到最近才发生了改变（详见 6—9 页《现代葡萄酒》）。时至今日，世界一流的葡萄酒还保持着自然的风格。比如说我最近刚刚品尝过一款 1969 年的 Domaine de la Romanée Conti *Echezeaux*，已是陈年老酒，纯天然酿造，不仅口感异常鲜活而且层次丰富。

由于产量有限，陈年自然酒其实并不多见，但现在你还是可以在 Château le Puy 找到一些典藏的老年份波尔多葡萄酒，有些年份甚至可以追溯至 20 世纪初。

葡萄酒稳定性的重要决定因素就是"时间"，这也就意味着如果你想走捷径，就必须牺牲掉酒的某一项品质……

1　Gramenon 是法国罗纳河谷产区的重要酒庄，主要采用的是歌海娜葡萄和西拉葡萄，其葡萄酒酿制观念影响了很多人，使其他酒庄也加入酿制自然酒的行列。

2　指 Jean Foillard，酒庄成立于 1981 年，在酿造方法上敢为人先，是当地最早进行有机以及生物动力法酿造的酒庄之一。酒庄使用的佳美葡萄，品种早熟，如果不加入添加剂很难正常发酵，但 Jean Foillard 依旧选择不添加任何酵母、催化酶和二氧化硫。

健康：自然酒更有益于身体吗？

HEALTH: IS NATURAL WINE BETTER FOR YOU?

健康的土壤、植物、动物和人是相辅相成不可分割的整体。

——Sir Albert Howard，有机运动（organic movement）的倡导者

⏱ 上图

饮用富含抗氧化剂的葡萄酒有益于健康。

———

⊖ 右图

一个规律：红色的水果和蔬菜，如红葡萄、西红柿、胡椒和茄子，天然含有较多的抗氧化剂。

简单来说，自然酒中的"人工物质"较少。出于这一原因，自然酒对人的健康应该不错，这点并不意外（尤其是许多应用在传统葡萄酒酿制领域的添加剂使用量没有受到严格的管控）。但现在的情况是，很少有关于葡萄酒对健康影响的科学研究，至于自然酒相关的研究就更少见了。

然而，自然酒的狂热爱好者们（也包括我自己）常常会提到：跟传统葡萄酒比起来，自然酒喝完之后不太会头痛。我从几年前就不喝传统葡萄酒了，之后就再也没有经历过那种宿醉后的头痛欲裂。其实这也是有科学依据的。想要了解这件事的科学原理，我们必须先知道造成宿醉的原因。宿醉是身体脱水导致的，但我们的肝脏却在这段时间内发生了有趣的反应。我们吃的所有东西都要经过消化系统分解，然后输送到肝脏进行清关测试，肝脏中的酶会分解物质。有助于健康的元素会输送到血液循环当中，而毒素会通过胆汁及尿液排泄出去。

酒精，或者我们用一个更准确的名称——乙醇，就是一种毒素。它通过胃部吸收，然后被输送到肝脏。经过肝脏的识别，被认定为毒素，要排出体外。然后肝脏中的一系列酶就会将酒精分解为乙醛，然后通过谷胱甘肽的作用，将乙醛转化为较为容易排出体外的醋酸盐。但问题在于，我们喝酒的时候，身体会消耗谷胱甘肽，然后

体内就会积存大量未分解的乙醛，进入到血液循环系统。乙醛的毒性可比酒精高出10倍到30倍。当这种物质在体内循环的时候，便会导致头痛、头晕、恶心等反应。

简单来说，我们身体用于分解酒精的重要元素就是谷胱甘肽。1996年南安普敦大学食品科学及人类营养学系发表的学术论文《硫化物——强效谷胱甘肽的消耗剂》（*Sulfur dioxide: a potent glutathione-depleting agent*）提出，谷胱甘肽对硫化物非常敏感。如果这个结论是正确的话，也就代表着二氧化硫含量更低的自然酒相对更容易被肝脏分解。

罗马大学医学院的临床营养学及营养基因学系（致力于研究食物对于基因的影响）的最新研究也支持这一观点。我与负责这一研究的 Laura di Renzo 教授曾在2013年的秋天碰面，她向我介绍了这方面的知识："我们测试了284种基因在摄入两种葡萄酒前后的变化——一种葡萄酒

⏱ 上图与左图

有机种植的水果天然就更健康，这不仅仅因为没有受到杀虫剂的污染（上图中 Troy Carter 的野生苹果就是如此，他用这些果实来酿造苹果酒，详见147页；来自加利福尼亚州 Old World Winery 的 Darek Trowbridge 的葡萄也是如此，他正在野生葡萄园里一边帮助 Troy 采摘野生苹果，一边采收葡萄），还因为对于葡萄而言，高含量的多酚也对果实健康有帮助。这是西班牙 Dagón Bodegas 通过实验得出的结论。

完全不添加二氧化硫，另一种葡萄酒每升中含有80毫克二氧化硫。实验时间约为两周，佐餐饮用，然后测试了不同葡萄酒给受试者基因带来的影响。然后我们有了重大的发现。首先，自然酒的摄入减少了血液中的乙醛含量。这是由于身体内的醛脱氢酶含量提高，这种酶提升了身体中乙醛的代谢速度。另一项发现是关于体内低密度脂蛋白的氧化反应，低密度脂蛋白与胆固醇的转运息息相关，可以反映出身体在摄入某种物质之后氧化应激的压力水平。总的来说，当你饮用自然酒的时候，身体所产生的'有害'胆固醇较少。这是非常重大的研究发现。"

同时，自然酒所采用的葡萄也更加健康。美国加利福尼亚州戴维斯大学从2003年便开始进行相关研究，发现有机的水果及莓果当中含有高达58%以上的活性酚类物质。意大利科内利亚诺（Conegliano）农业研究与

实验协会的 Diego Tomasi 博士近期发现，在葡萄的栽培过程中，不使用化学制剂、不进行犁地或者修剪枝叶等人工干预，最后培育出的葡萄果实含有相当高含量的白藜芦醇（这也是在葡萄酒中发现的一种抗氧化剂）。并且自然酒中白藜芦醇的含量，比同类采用传统人工干预酿酒方法制出的葡萄酒中白藜芦醇的含量要高得多。

酿酒师 Paco Bosco 认为这是由于葡萄藤蔓本身适应性强。他之前在 Dagón Bodegas 工作了两年，并且在那里获得了自己的硕士学位。这是一个位于西班牙乌迭尔 - 雷格纳[1]产区的葡萄园。Dagón 在种植过程中就拒绝使用人工制剂，而且在过去的二十年间，从未修剪过葡萄藤蔓或者耕犁过土地。这种耕种方式所带来的结果就是白藜芦醇含量大幅度提升。"这里葡萄中白藜芦醇的含量大概是意大利内比奥罗[2]葡萄的两倍，内比奥罗葡萄的白藜芦醇含量是世界范围内公认最高的。"Paco 向我们解释道，"白藜芦醇是芪类物质的一种，它们是植物体内的抗体，是一种天然屏障。当有外来物质——比如真菌或者害虫之类的东西——攻击植物的健康系统，植物就会将芪类化合物输送到病害位置，击退有害物质的入侵。"这也就意味着白藜芦醇含量高的果实更加茁壮健康，最后酿出的葡萄酒也更为健康优质。传统葡萄酒会采用各种澄清过滤的手法来滤出酒液中的杂质颗粒，但是 Dagón Bodegas（以及许多其他自然酒酒农）的酿造过程中是没有这一环节的。因为这种操作手法不仅会滤出杂质，还会去除掉白藜芦醇这类有益物质，得不偿失。

最近我还跟来自加利福尼亚州的酒农 Tony Coturri 见了面，他跟我说："人可不能一直摄入那些化学物质，有可能会导致过敏、皮肤问题，甚至免疫系统崩溃。我活了这么久，认识许多人喝了一辈子的葡萄酒，但是最近却不能喝了。这并不是葡萄酒的问题，而是葡萄酒中的添加剂所导致的问题。"

1　乌迭尔 - 雷格纳（Utiel-Requena），西班牙瓦伦西亚自治区最靠近内陆的法定葡萄酒产区。

2　内比奥罗（nebbiolo），意大利著名的红葡萄品种，原产于皮埃蒙特地区。

❋ 谈野菜 ❋

访问 OLIVIER ANDRIEU

Clos Fantine 位于法国朗格多克产区，这家酒庄一直由 Andrieu 三兄弟（Olivier、Corine、Carole）经营，葡萄园占地约 29 公顷，园内葡萄种类多种多样，包括慕合怀特[1]、阿拉蒙[2]、特蕾（terret）、歌海娜（grenache）、神索[3]、西拉（syrah）以及佳丽酿（carignan）葡萄。

"每种植物上都会长出它们自己的真菌。比如松露这种块菌就生长在橡树下，葡萄藤蔓也会长出自己独有的真菌，葡萄园中其他的植物也是如此。这些真菌可以帮助藤蔓吸收微量元素（比如硼、铜、铁），还可以将土壤中的矿物盐成分输送到植物体内。作为交换，由于真菌自身无法进行光合作用，它可以利用藤蔓来获取淀粉质。这是一种互利的交换过程，也就是我们所说的共生关系。

"有意思的是，这类真菌会生出许多菌丝，相互勾连，盘根错节，然后将同区域的所有植物连接在一起，最终，生长在那一方

土地内的所有植物会形成一个交互网络。一位松露养殖员告诉我们，上周他们找到一株蘑菇，它所生长出来的菌丝几乎覆盖了整片森林，占地几公顷。树木通过菌丝被连接在一起，仅通过一株蘑菇，就实现了一整片森林的信息交互。我们认为葡萄藤的信息交互可能同理。

"我们尽力去保护这种互联性。在经历了一些微调之后，我们真的注意到了一个显著的不同。在葡萄的生长过程中，园内逐渐形成了一种生态平衡。葡萄藤蔓的抵抗力更强，变得更为强韧且富有光泽，并且结出的果实质量也更高，甚至有点像是

1　慕合怀特（mourvèdre），原产于西班牙的一种红葡萄品种。
2　阿拉蒙（aramon），源于西班牙的红葡萄品种，现在主要种植在法国，尤其是南部的朗格多克 - 鲁西永产区。
3　神索（cinsault），法国最古老的红葡萄品种之一，常用于混酿粉红酒或红酒。

野生的果实。你能感受到这些结出饱满果实的藤蔓毫无压力。

"如果你接管了一座传统的葡萄园，会发现在那儿并不存在所谓共生关系，也不存在任何生命体。因此，你必须先让园中的各种野生植物生长起来，才能创造出生命的多样性。比如我们自己的园中就有许多黄蜂，我们发现每次黄蜂经过时，葡萄就不会再被蛾虫卵所困扰，也许因为黄蜂是它们的天敌，也可能因为它俩就是合不来。总之，葡萄园中肆意生长的野草引来黄蜂在园内'巡逻'，这样在蛾虫害问题上我们就可以高枕无忧了。

"我们的葡萄园里现在有三十多种野菜和可食用的植物。有些植物偶尔会冒出头来，有些植物是季节性的，有些植物则是一年一收。不过这些植物都有一个共性：经历第一场春雨后，便是它们最美味的时候。这里列举园中的几样植物：

"苋菜（*Amaranthus*）：这种菜并不是本地原生的。16 世纪至 17 世纪，它曾经是人工培植的品种。现在则逐渐变成了野菜。我们吃的是植物新长出的那一茬，也就是花叶最尖上的部分。在花芽还是嫩黄色的时候摘下即可。

"白玉草（*Silene vulgaris*）：这种菜的叶子口味香甜，就像是金合欢树的花朵一样。

"鸦蒜（*Allium vineale*）：看起来平平无奇，就跟普通的蒜一样，但体型更加小巧精致。我们通常用蒜头来烧鱼，增添香味，也可以将蒜苗跟细香葱一样切碎，辅以料酒，放入锅中调味。

"药用蒲公英（*Taraxacum officinale*）：蒲公英全身上下都可食用，但是我们通常只吃嫩软的叶片部分。

"金盏花（*Calendula officinalis*）：花朵非常美味，外形类似于藏红花，色彩鲜艳，可以给沙拉增色不少。也可以用来煮汤。

"婆罗门参（*Tragopogon pratensis*）：草地婆罗门参又名'山羊须参'或者'午睡花'，我们主要吃它的根，水煮之后非常美味。不幸的是，现在这种植物已经变得非常稀有了。

"脐景天（*Umbilicus rupestris*）：在法国被称为'维纳斯的肚脐'，这个名字将它的外形特点表现得淋漓尽致。叶片丰厚圆润像个肚脐，叶子很有韧劲，适合做成沙拉。

"反曲景天（*Sedum rupestre*）：这是一种非常多汁肥厚的蔬菜，它的叶片中储存了许

多水，花朵呈嫩黄色。尝起来会有虾的味道，法国人一般把它裹面粉油炸。

"二行芥（*Diplotaxis tenuifolia*）：我们通常会用这种花来给沙拉调味，甚至腌制肉类。它的味道有点像青椒。花朵有些是黄色的，有些是白色的，叶片的形状像火箭一样。

"天门冬（*Ornithogalum pyrenaicum*）：这种植物一般生长在葡萄园内各种犄角旮旯的地方。我们通常把它切碎，用作煎蛋卷的配料，或是用在法式料理白汁炖小牛肉里。

"野韭菜（*Allium tricoccum*）：在法国我们把这种蔬菜称作'葡萄园韭葱'，用水焯熟之后可以蘸着油醋汁来吃。

"酸模（*Rumex acetosa*）：食用方法跟菠菜一样，焯熟之后吃叶子就可以了。"

结论：自然酒认证
CONCLUSION: CERTIFYING WINE

这就像要求一位能跳到 2 米高的运动员跳过 80 厘米的横杆，简直太轻而易举了。

——Château le Puy 的经营者 Jean-Pierre Amoreau

在回答欧盟关于有机葡萄酒规定的相关问题时说

⏱ 上图

两位获得认证的自然酒酒农在他们的葡萄园中：Domaine Léon Barral 的 Didier Barral 获得了 ECOCERT 有机认证，但并未在酒标或任何信息中提及。另一位是……（接对页）

2012 年 8 月，欧盟终于颁布了"千呼万唤始出来"的有机葡萄酒酿造规定，此前不包含在法规内的酿造方式终于被涵盖在欧盟认证之中。虽然这样的法规是必要的，但是等到法规真正发布，大家却发现这其实是一种倒退。官方不仅允许添加非有机化学添加剂（包括人工单宁、阿拉伯胶、明胶还有人工酵母），而且按照法国独立酒庄协会（Vignerons Indépendents de France）主席 Michel Issaly 的说法，官方的做法很大程度上破坏了有机葡萄酒酿造的整体声誉。

Michel Issaly 个人在法规制定的过程中曾提出过尖锐的反对意见，对最后的结果也大感惊讶："我们都清楚，立法的目的是让更多人能进入有机葡萄酒这个产业，但如果有机葡萄酒的酿制要求与门槛逐渐降低，甚至最后跟传统葡萄酒的制作工序相差无几，那我真的无法理解为何要制定这种法规。我在大概三四年前了解到官方出具的相关文件，我真的非常震惊。他们怎么能够允许让有机酒酒农勤勤恳恳努力维系的一切被这种有机酿造过程系统化地毁灭呢？我认识一些非有机葡萄酒的酿造商，他们使用的人工添加剂甚至比所谓有机认证葡萄酒酒农还要少。我担心这样发展下去，到最后我们的消费者会开始质疑'有机'这个概念的真正意义。"

这是世界各地认证机构的主要缺陷所在——不管是有机还是生物动力法认证。从葡萄园的监管角度来说，这可能是一件好事。但是对于酿酒厂来说，这些规定完全是失败的。不仅如此，官方似乎试图误导从业者们在各种认证机构中兜圈子，而且跨国比对政策时会出现更复杂的问题——就算是同一个机构，不同国家对于同一条规定也会有不同的解读。就拿国际生物动力法组织德米特（Demeter）的认证来说，在美国和澳大利亚是不允许添加人工酵母的，但是德国的德米特组织却对人工酵母的使用不加干涉。有关化学添加剂的使用规定，美国农业部的条款看起来要比欧洲的严格得多，比如说在欧盟通行无阻的 11 种人工添加剂全部都在美国的禁止名单之上。但认真看看就会发现，美国是允许溶菌酶的使用的，而这种添加剂在欧盟国家、巴西、瑞士等地都是禁止使用的。

⊙ 下页图

勃艮第地区的 Recrue Des Sens 酒庄的 Yann Durieux，他也获得了法国 ECOCERT 认证，同时地球动力学协会 Terra Dynamis 也认证 Recrue Des Sens 为生物动力法酒庄。

因此，一些非常优秀的酒农选择不去做认证。部分原因在于，对于那些本就严谨的酒农来说，他们所遵守的标准远比官方发布的标准严格，所以他们不可能劳心费神去搞那些毫无意义的认证文件，毕竟那些认证机构对于"有机""天然"的定义实在是令他们无法苟同。当然还有一部分原因是认证所需花费较高。"我们之前留意过一些认证，但是整个过程又难又贵。有些认证机构要求上交收益的百分之一，然后他们每年要来对酒厂和葡萄园进行一次评估，每次都要再收取 500—600 澳元不等。我们实在是支付不起。"来自澳大利亚 SI Vintner 的 Iwo Jakimowicz 这样说道，"我不是反对认证这件事，但我说服了自己不去参加认证。为什么我明明没有往自己酿的酒中添加任何化学制剂，却要交一大笔钱来请人认证？而那些往葡萄园里可劲儿喷洒各种药物的人，却不需要花钱认证呢？"

既然官方认证如此漏洞百出，由酒农们自行组成的管理协会，比如意大利的 VinNatur 天然葡萄酒酒农协会，就想出了新的解决办法。该协会主席兼创始人 Angiolino Maule 解释道："我们并不是一个惩罚性的机构，而是一个教育性的组织。"他们积极募资帮助成员改善耕种方式，同时他们也是唯一一个拥有内审流程的酒农协会，能系统化测试会员的产品是否有杀虫剂残留。

总而言之，尽管还存在一些缺陷，但认证还是有用的。至少，它为那

些对酿酒不甚了解的消费者提供了某种保障，确保他们买到的葡萄酒是经过某种规范认可的。而且，这也给酒农们自己提供了一个无价的组织架构。正如生物动力法研究专家及葡萄酒评论家 Monty Waldin 曾说过："加入认证其实就是自断后路。一旦世道困难，即使喷洒农药的诱惑再大，酒农也没有退路，只能咬紧牙关继续坚持。"

总而言之，尽管还存在一些缺陷，但认证还是有用的。至少，它为那些对酿酒不甚了解的消费者提供了某种保障，确保他们买到的葡萄酒是经过某种规范认可的。

结论：生命的礼赞
CONCLUSION: A CELEBRATION OF LIFE

葡萄园中的微生物是促成酒窖内发酵成功的关键，也是让葡萄酒的酿制过程得以在不加人工和技术干预的情况下顺利完成的重要因素。因此，对酒农来说，维持葡萄园内的健康的微生物环境是非常重要的。这些微生物会跟随着葡萄进入酒窖，激发葡萄汁内部神奇的化学反应，然后将其变成美酒。因此，自然酒可以说是来自活力土壤的活力之酒。

⏱ 上图

在自然酒酿制过程中依然普遍运用古老的篮式压榨法。

从自然酒的本质上来看，它保护着酒瓶里活跃着的小小生命宇宙的完整性，使其维持着稳定与平衡。但是自然酒的酿制并不是一个非黑即白的过程，正如人生也会遇到各种复杂的问题，商业和市场上的考虑难免会影响到决策。自然酒酒农是有可能（且确实）会一无所有的。Henri Milan 就是一个活生生的案例。Domaine Henri Milan 出产的无二氧化硫酒 *Sans Soufre* cuvées 全球闻名。在酿造 2000 年份的葡萄酒时，酒槽和酒瓶中开始二次发酵[1]，导致他们几乎损失了所有当年份的葡萄酒。因此，如果酒农们察觉到葡萄酒酿造过程中有反常现象产生，些微的人工干预可以带给大家一些安全感。比如在装瓶阶段加入极少量的二氧化硫，既能保证出产葡萄酒的质量，对于葡萄酒本身来说影响也很小。

更重要的是，由于酿制自然酒遵从"既不添加人工制剂，也不去除葡萄的天然成分"这一原则，因此需要相当高的酿造技术、意识和敏感程度。但这并不是每一位自然酒酒农都能做到的。比如我个人在酿造第一批酒时，在每升的葡萄酒中加入了 20 毫克左右的二氧化硫，因为我实在担心如果不添加的话会产生不好的后果。当然，我的葡萄酒肯定不像 Le Casot

---

1 意外发生二次发酵的葡萄酒会变得寡淡无味，酒体浑浊，果香也会损失。同时，二次发酵释放出的二氧化碳，会导致容器涨塞甚至爆瓶。

des Mailloles 酒庄的白葡萄酒那样自然纯正，但是这也比每升含有 150 毫克二氧化硫添加物，而且还添加了工业酵母的有机葡萄酒要自然得多。

最优质的葡萄酒，能够依靠自己纯天然的风味带给享用者们极大的愉悦，因此我们不能往其中加入任何可能掩盖其天然风味的物质。

——科鲁迈拉，公元 4—40 年，古罗马农学家

自然酒是一种连续体，宛如池塘的涟漪。这些涟漪的中心——酒农，如清教徒一般坚持用绝对天然的方式酿酒，不添加也不去除物质。当涟漪逐渐散开，远离中心处，各种人工添加剂及干预手段便开始增多，葡萄酒变得越来越人工。最终，涟漪彻底消失，跟平静的湖水融为一体，"自然酒"的概念不复存在，我们进入了传统酿造葡萄酒的天地。

因为当前对自然酒并没有法律上的定义，所以有一批接近官方机构的组织尝试给出了一些定义。这些机构主要是由不同国家的酒农们组成，比

如法国、意大利还有西班牙都有类似的机构。这些自我约束的质量管理规定甚至比某些官方有机认证或者生物动力法认证机构还要严格（详见102—104页《结论：自然酒认证》）。所有这类机构都要求葡萄园必须进行有机耕作，这是底线。同时当葡萄酒进入酒窖，开始酿制之后，禁止使用任何添加剂、化学助剂或者人工干预设备（详见55—58页《酒窖：加工程序与添加剂》）。当然有些认证标准还是对粗略过滤网开一面了，关于二氧化硫的规定也因机构而各有不同。比如法国S.A.I.N.S（详见139—140页《何地何时：酒农协会》）就是最为严格的，在任何情况下都不允许使用任何添加剂，但是允许进行粗略过滤。

法国自然酒协会规定，不论酒液的含糖度高低，红酒中二氧化硫的使用限制在每升20毫克，白酒的用量标准为每升30毫克（有些葡萄酒商希望使用法国自然酒协会AVN的认证标志，那么要求就更为严格，不允许添加任何二氧化硫）。位于意大利的VinNatur天然葡萄酒酒农协会规定白酒、起泡酒以及甜酒中，每升可含有50毫克的二氧化硫，在红酒以及粉红酒中，每升可含有30毫克的二氧化硫。风土复兴协会的三级认证在添加剂的使用以及人工手段干预方面的规定同样很严格，但是对于二氧化硫的用量还是稍显模糊。在本书《自然酒窖》一章中所提到的酒都遵循

VinNatur 的要求，以便收录尽可能广泛的酒款。

就我个人而言，这么多年来品尝了上千种葡萄酒，我对于二氧化硫的容忍度越来越低了。因此，我喝的大部分葡萄酒都是完全不添加二氧化硫的，或者最多也就是每升中含有二三十毫克二氧化硫。这些葡萄酒大部分也都未经澄清和过滤。

但可能这一切都只是我自己过于吹毛求疵了。如果我们将眼光放在整个葡萄酒生产领域，用同样的标准去要求所有的葡萄酒产品，那么首先被淘汰的就是那些非有机种植园，然后那些加入人工酵母、各种催化酶、使用各种过滤除菌手段的葡萄酒酿造商也会被剔除，最终能留下的凤毛麟角。完全不添加任何人工制剂的酒农与每公升使用 20 毫克二氧化硫的酒农之间，的确存在一些差别。但是如果我们用之前的"涟漪理论"，当我们越靠近涟漪的中心，纹路越清晰，水纹之间也更为接近。

总而言之，真正的自然酒和贴近自然酿造风格的葡萄酒只占整个葡萄酒市场的很小一部分。我撰写本书正是为了赞颂这一小撮葡萄酒。不是赞颂自己撞大运酿出来的那些可一不可再的好酒，而是赞美多年以来持续生产优质自然酒的酒农们。

对于这些酒农来说，他们的付出已经远超过酿酒本身。他们推崇的是一种哲学，一种生活方式，而这种观念会直接影响他们所酿制的葡萄酒，以至于全球各地的消费者。身处物欲横流金钱至上的这个世界，他们依然做出了不同的选择，勤劳不辍直至自己的作品受到认同。他们这么做是出于自己的信仰，出于对土地的热爱，出于守护世界最本真力量的热望——守护生命。不管是人类、动物、植物还是其他的生命形式，就像卢瓦尔河地区的自然酒酒农 Jean-François Chêne 所说："我们尊重生命，胜过其他一切。"

⊖ **左图**

自然酒是对生命最本真的形式的尊重。至少从种植阶段开始，就坚持"有机"原则，在进入酒窖进行酿制之后，不添加任何人工添加剂。意大利罗马涅区的自然酒酒农 Camillo Donati 说："对我来说这是一件非常简单的事。自然酒从葡萄园到入窖酿制阶段都坚持零化学产品添加。"

____

⊖ **下页图**

Sepp 和 Maria Muster 在奥地利南部充满活力的葡萄园中酿造葡萄酒。

就我个人而言，这么多年来品尝了上千种葡萄酒，我对于二氧化硫的容忍度越来越低了。

PART 2

WHO,
WHERE,
WHEN?

何人，何地，何时？

何人：匠人

WHO: THE ARTISANS

地球不是从我们父辈那里继承来的，而是从后代手中借来的。

——Antoine de Saint-Exupéry，法国贵族作家、诗人

ⓘ 上图

两位斯洛文尼亚自然酒酒农：Vina Čotar的Branko Čotar（右）和Mlečnik 酒庄的 Walter Mlečnik（左），一起品酒。

———

⊙ 112 页图

Mythopia 实验种植园中的蒲公英，这些所谓的野草能够帮助空气进入表层土壤，同时为土地提供必需的养料。因为它们的根系发达，且深扎土地的能力强，能够将土壤内部的钙质输送回土壤的表面。

自然酒酒农可能来自各行各业。他们可能是从家族手中继承了葡萄园，也有些人，葡萄种植已是他的第二个甚至第三个职业。他们可能是生性不羁的野孩子，也可能只是葡萄酒发烧友；他们可能是保守党的拥趸，也可能是法国 1968 年"五月革命"代表的后代。有人振臂起身反对当前的社会体系，成为海报上的领军人物；有人则默默在角落做着一成不变的事。但不论是激进派还是传统派，大家在某种程度上都选择了同一条路，那就是对如今体制内绝大多数人认定的所谓"酿酒必备条件"说不。

能将这群伙伴联系在一起的主要纽带，是他们对土地的热爱。他们视自己为自然的保护者。这提醒了我们，在操作得当的情况下，耕种可能是全世界最为高尚的职业。它不仅要求极强的观察能力，同时也要求我们对自然的伟大保持尊重和谦逊。

"我们甚至考虑到了酵母和细菌，"来自法国卢瓦尔河地区 La Coulée d'Ambrosia 酒庄的 Jean-François Chêne 说，"我们努力接近细菌和酵母，不断思考它们需要什么样的环境，怎样的环境条件能够有助于它们的工作。这是一种思维方式。我们永远遵循同一个原则：酿酒的核心是选择顶级的原材料，然后就不用操心其他事了。"

🕐 上图

日落时分的 Matassa 酒庄 Romanissa 葡萄园。

　　如果要种出顶级的葡萄，酒农们必须对自己的土地有深刻的了解，只有真正意义上的匠人才能办到这一点——匠人，指的是娴熟的手艺人（不论男女），亲手劳作，并在经验中培养出高超的技艺。这些酒农通常都是培育古老的葡萄品种，传统的葡萄园对此避之唯恐不及。"我们的目标就是留存住那些稀有的本地原生的葡萄品种。"来自卢瓦尔河地区的自然酒酒农 Etienne Courtois 这样解释道。他和父亲 Claude 一直共同经营着自家的葡萄园。在世界另一端，智利的自然酒酒农 Louis-Antoine Luyt 在派斯[1]葡萄的培育上花费了大量精力。派斯这种耐受力强的葡萄品种是由西班牙传教士于 16 世纪引入南美地区的，之后由于又引进了许多广为流行的葡萄品种，如霞多丽[2]还有梅洛[3]，派斯葡萄逐渐被追逐商业利益的传统酒农们抛弃，但实际上，智利的气候并不适宜种植后来引进的这些葡萄品种。

1　派斯（país）是智利最为古老的葡萄品种之一，也是智利地区种植面积第二大的葡萄品种。
2　霞多丽（chardonnay）是当前全球最受欢迎的白葡萄品种，原产自法国勃艮第地区。
3　梅洛（merlot）又称美乐，是一种 18 世纪末出现的红葡萄品种，在法国最为广泛种植。

Luyt 还致力于复兴智利古老的发酵葡萄汁的手艺，他们用牛皮带毛的那一面向里盖住葡萄汁，但是这项技艺早已被其他的同行所摒弃。事实上，这不仅被证明是非常有效的做法，能确保葡萄汁进行健康发酵，还是一种对古老智慧的尊崇。有许多古老的技艺常遭到否定，被认为落后甚至被指为骗术。不论是陶罐发酵（比如格鲁吉亚奎弗瑞陶罐酿酒工艺[1]还有西班牙传统的水泥池酿造），酿制橙酒[2]，还是手工采摘葡萄，自然酒酒农们通常都是采用古老的实用技艺。他们是这些遗产的坚守者。如果没有他们的坚持，这些技艺可能已不复存在。

令人惊讶的是，自然酒酒农们也有非常创新的一面。他们是游走在传统葡萄酒酿造系统之外的族群，所以思维也不会被行业中的条条框框所限制。来自美国加利福尼亚州的自然酒酒农 Kevin Kelley 就是一个非常好的例子。Kevin 很关注葡萄酒行业对过度包装的依赖，于是决定把葡萄酒当作新鲜牛奶来对待。他创立了自然处理联盟（Natural Process Alliance），推出了换瓶计划。Kevin 每周四都会去"送牛奶"，将新鲜出桶的葡萄酒装到小罐子里，运送到旧金山及其周边地区的消费者的手中。然后再回收上一周喝完的空罐，就像是送奶工回收奶瓶一样。

这样创新的想法同样拓宽了人们对生活方式的选择。"在乡下，我们的生活是相当独立且自给自足的，"一位来自法国卢瓦尔河地区的自然酒酒农 Olivier Cousin 这样说道，"尽管为了完成采摘葡萄等一系列工序，我们每年都要雇用三十个人，但我平时还是经常以物易物。比如我会用葡萄酒去交换肉、蔬菜等生活用品。这

⏱ 上图

Kevin Kelley 和他 NPA 项目所使用的葡萄酒罐。

———

⊖ 左图

Antony Tortul 所酿制的葡萄酒。酒瓶上塞之后，再用蜡来进行密封。这在自然酒界是常见的做法。

---

1 奎弗瑞陶罐（qvevri 或 kvevri）酿酒工艺是来自格鲁吉亚独特的葡萄酒酿制工艺，奎弗瑞陶罐是一种储存葡萄酒的陶制容器，建造酒窖的时候将它埋到地下，在周围用石灰和碎石固定。

2 橙酒（orange wine）是一种无干扰酿制的白葡萄酒，将白葡萄捣烂，装进大型水泥桶中，静置四天到一年的时间不等。

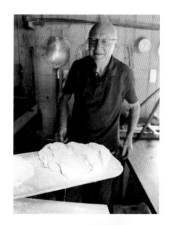

来自法国汝拉省的自然酒界传奇
Pierre Overnoy 正在烤制面包（上），
他的 *Arbois Pupillin* 葡萄酒（下），
如今由 Emmanuel Houillon 出品。

种生活社群其实非常美好，这种紧密的联结也成了自然酒文化中不可或缺的部分。"

虽然并非所有自然酒酒农都像 Cousin 那般"乐活"（*bon-vivant*），但是他们大部分天生就更有大局观，这得益于他们对食物、健康和生活的敏锐洞察力。他们可能像热爱葡萄酒一样，热爱着蜂蜜、法国腊肠或者意大利熏火腿。来自法国东部汝拉省的八十岁高龄的自然酒界传奇 Pierre Overnoy 就是这种自然哲学生活方式的最好体现，他不仅每周都要为家人朋友们烤各种各样好吃的面包，还亲手养了蜜蜂、鸡，还有一批令人惊叹的葡萄。从 1990 年开始，每年的 7 月 2 日他都会亲手采摘一些葡萄，然后用酒精把这些葡萄储存起来，以对比观察葡萄的生长模式。他乐于亲自下到田间地头，种种菜、修修管线。但同时他也可以跟我们谈天说地，分析微生物学与生物发酵的复杂性。更重要的是，他能给人带来灵感：他温暖、柔和、慷慨，见解犀利且思虑周全。

可惜人们对于自然酒酒农们有些误解，总觉得他们散漫懒惰，尽管这与真实情况大相径庭。优秀的自然酒酒农通常在细节上极为严格，而且决不妥协。来自南法酒庄 La Sorga 的 Antony Tortul 就是非常好的例证。他这个人看起来云淡风轻，顶着一头浓密的卷毛，一直笑容可掬。但是他在实际的管理工作中是非常严谨的。就我看来，在他手下，没有什么事是碰运气的。他的酒厂出产三十种葡萄酒，年产量在五万瓶左右。所有的酒都不含任何添加剂，也不进行人工控温。他是一个完美主义者，会定期用显微镜观察葡萄汁的发酵情况，也会观察统计葡萄汁中的酵母菌群数量并进行分类。为了研究人体皮肤接触对白葡萄酒酿制的影响，他最近甚至在自己的实验室中做起了相关的研究实验。

"我们所做的事情其实非常简单却又高度精准，"Etienne Courtois 这样解释道，"我们到现在为止都坚持着最古老的酿制方法，甚至连压榨设备

都有一百多年的历史了，没有一样东西是电动的。我们从父辈的手中学来种植葡萄的方法，这方法在我们家族代代相传了一百多年。一切工作我们都手工完成，也就是说，每年为了修剪葡萄园中的野草，我们得徒步行走200公里到300公里。"

这样酿制出的葡萄酒自然大受欢迎，一上市就被抢购一空。但是 Courtois 家族却反其道而行，一直在减少葡萄园的种植面积。Etienne Courtois 解释道："我们希望做得精准。以前，我父亲的葡萄园有 15 公顷，但现在我们只留下了大概一半面积，并且还想继续缩减。许多成功的生产商都担心供不应求，最后会从其他酒农那里买葡萄。但这就跟开餐厅是一个道理，可能一开始只能容纳 25 位客人，因为生意太好于是每天得赶走 50 个客人。于是你顺理成章地想：'那我不如开一间能容纳 100 个人的餐厅吧，这样就能赚得盆满钵满了。'但运营一家容纳 100 人的餐厅是完全不同的事情。最终你很有可能就只是商标上的一个名字而已了。"

⏱上图

奥地利 Gut Oggau 酒庄的酒标家族，非常有创意。

从各方面来看，自然酒的生产对于酒农们提出了比传统酒农更高的要求。"对于能够接触到葡萄的所有东西，我都非常严格——包括管线、水泵等一切设备，"来自皮埃蒙特 Cascina degli Ulivi 的自然酒酒农 Stefano Bellotti 一直坚持不添加任何二氧化硫，他是这样说的，"三年前，我的榨汁机坏掉了，替换的零件要几天后才能送来。有一位热心的邻居说可以先借用他的。但当我带着近 10 吨刚采摘的葡萄去找他的时候，我实在是不敢相信自己的眼睛。我自己每次榨汁后，都要把设备零件全部拆卸下来，里里外外认认真真地用蒸汽高温消毒一遍。这样等第二天再处理葡萄的时候，我的设备是光洁如新的，干净到可以直接用舌头舔。但是我邻居是一位传统葡萄酒的生产者，会往葡萄酒中添加许多二氧化硫，所以对清洁度要求不高。啥也别说了，我的葡萄酒不能冒险用这样清洁不足的设备，毕竟不知道这设备之前到底都接触过什么东西。只要从一开始一切就足够干净，此后的问题我是不用操心的。"

如果说自然酒的酿造是一张拼图，那么这种"不操心"就是拼图的最后一块。葡萄酒的发酵过程还有许多未知的部分，如果要强行控制这个过程，必然失去酒应有的美好。（详见 39—42 页《葡萄园：理解风土》）所以，自然酒酒农们也要学会放手，相信自己的直觉。他们相信大自然的魔法，因为他们早已非常尊重自然的一切。这才是真正的合作关系。奥地利 Gut Oggau 酒庄的自然酒酒农 Eduard Tscheppe 告诉我："我花了六年时间才学会真正等待收成到来。直到第七次收成葡萄的时候，我才第一次知道这次肯定没问题。之前我一直战战兢兢，但是现在不同了，我自己也很享受这种状态。"

自然酒酒农们酿酒时没有固定的模式，也不会为某个市场定制。他们想要追求的是完美的作品，用最完整而美好的方式来表达他们对土地和生命赤诚的热爱。这就像是在没有任何保护措施的情况下走钢丝。我认识一位大师，他所工作的酒庄在全世界享有盛名，但极少人知道那其实是个自然酒酒庄。他是这样跟我说的："C'est jamais dans la facilité qu'on obtient les grandes choses.（伟大的事绝不可能易如反掌。）绝壁之美，只有站在崖边才能真切体会。你须冒着失去一切的风险，才能在俯仰之间感受到这件事的奥妙之处。由此，你才有可能创造出伟大的作品。"（他就是 Domaine de la Romanée-Conti 的酿酒师 Bernard Noblet。）

※ 谈马 ※

访问 BERNARD BELLAHSEN

Bernard Bellahsen 的 Domaine Fontedicto 占地面积约为 10.5 公顷，位于法国南部的朗格多克地区。他在当地培育了许多古老的小麦品种，同时也培育了特蕾、歌海娜、西拉还有佳丽酿葡萄。从 1977 年开始，他便实行有机种植。从 1982 年开始，他开始用马匹进行耕种。

"你要知道，跟动物在一起工作其实是有很多优势的，首先，你们之间的关系会随着时间逐渐成长，发展出成熟的情感。

"其次，现代农业文明对于地球生态来说，堪称是'强奸'。它要求地球资源对人类无条件开放，忽视了这件事本身合理与否。但如果你和动物协作，那情况就完全不同了。动物在勤恳工作的时候，往往都很安静。只要你在它旁边，就可以听到周围的一切声音，比如犁地的声音、土地翻开的声音，都清清楚楚。你可以感受到周围方方面面的变化，因为没有别人来干扰。如果下起了瓢泼大雨，你的犁就会卡住，烂泥会拖住马具，拉住你的马，于是耕种的工作得稍微暂停一下。但这是一件好事，因为湿透的土壤极其脆弱，容易引发水土流失，损耗养分。同样，如果土地过分干燥，那么犁具会

划伤表层土壤，我们也会停止耕作。这就保护了表层土壤，因为在土壤高温干燥时进行耕种，只会导致土壤中珍贵的水分持续流失。

"因此，如果想要耕种得宜，必须考虑到土壤的状态。农民要知道此刻是否是耕种的良机，而使用动物作为劳动力的优势之一就在于它们本身就是衡量这个问题的标准。我觉得你也可以选择高度机械化的设备来做这件事，但这要求你对于周遭的环境保持着极高的敏感度。而当有动物带路时，就算是对农活一窍不通的傻子也不会出错。

"除此之外，动物耕种还有一项优势。拖拉机是由内燃机驱动的，它内部的震动会通过车轮影响到土壤。这种有规律的重复震动会导致土壤变得愈加密实，就像是你把一堆豆子密密麻麻地塞在玻璃罐中，你不停地

晃动罐身，豆子就会自行找到合适的位置待着。你成功地把你的小豆子都塞进了瓶子里。但是这种冲击最终会导致土壤中的空气被挤出，土壤内部生物的生存环境被破坏。要不了多长时间，土壤内所有对作物有益的微生物就会消失。所幸马匹不会这样震动，它们也不会像内燃机一样产生燃爆。我一开始并没有用这种方式耕种，但曾经见过一位农夫，工作了一整天之后，整个人极其放松地躺在马背上，悠悠地漫步回家。那种田园景象让我很受触动，不禁希望自己也能如此。

"20 世纪 50 年代以前，大家普遍使用的都是法国北部加来省的一种博洛纳斯耕马（Boulonnais Plough horses）。这种马匹体型巨大，胸肌发达，但是现在它成了盘中珍馐，主要是用来制作香肠或馅饼。我们的马儿 Cassiopée 就非常幸运了，我们在她只有五个月大的时候救了她。现在我们已经一起工作十四年了。我们一起犁地、采收、运输货品，一起生活，每天相处七八个小时，周末也不分开。你花了这么长的时间跟它相处，信任会逐步建立起来，这种工作状态带给我很多惊喜。比如现在她就会自发地去工作了，不需要我发号施令。这是多么神奇的事情呀！

"尽管我们人类可能觉得自己是万物之灵，但事实上我们并不是高高在上的。如果一位农夫只会坐在空调操作间内，在全自动的操作台前，摆出一副睥睨天下的态势。那他就和土地完全脱节了。而一位跟自己的耕马一起劳作的农民，则深度参与耕种。他完全信赖自己的伙伴。他在脚踏实地劳动，观察到土地的状态，了解应该采取何种措施。同时，他看待作物的眼光也会不同，他不是高高在上的人类，而是欣赏自然的谦逊信徒，甚至他自己就是这农园生态的一部分，亲身感受着其中的一切。

"同马匹一起工作会让人变得谦逊。它促使我们去倾听自然的声音，学会与周遭的一切和睦相处。我们看待事物的方式也会变得不同。我强烈建议大家都试试看！"

⊖右图

2000 年，Bernard Bellahsen 和 Cassiopée
一起在 Domaine Fontedicto 中采摘葡萄。

何人：局外人
WHO: THE OUTSIDERS

　　我感到非常失望，我花费了那么多气力，想要酿造出最为纯正干净的普伊－芙美（Pouilly-Fumé）葡萄酒，但是最后的赢家还是那些工业制品。

　　　　　——Alexandre Bain，法国普伊－芙美产区的自然酒酒农，近期从原产地葡萄酒中被除名

　　"我们的葡萄酒从来没有成功过，而且每次都是同样的问题：'酒品有缺陷''酒体浑浊'……简直像噩梦一样。我们所有人都很煎熬。"南非的自然酒酒农 Craig Hawkins 说起

自家酿酒的时候，非常失落，他是一位来自南非黑地（Swartland）产区 Testalonga 酒庄的酒农。2013 年时我曾致电他，当时他家的酒在出口的时候被拦住了，我想了解一下情况。"都是因为这些官僚要对我的酒进行逐项检查，但当时根本就没有关于自然酒的检查啊。他们只会说：'你这个酒不能出口。'之前还有一次，我一般在 Cortez 装瓶之前都会搅拌一下，这样在酒液中就有一些细微的沉淀物。我是特意这么做的，这样酒渣就能继续熟成。我的葡萄酒非常稳定，只是看起来有一些浑浊。但是我的天，负责检验的人并不喜欢这种品相的葡萄酒。我的另一款酒是 2011 年的 El Bandito，还没装瓶就已经被订购一空。但是现在已经是 2013 年 8 月了，他们还是不让这批酒出口。"

尽管欧洲的许多米其林餐厅都非常钟爱 Craig 的葡萄酒，但多年来他的酒屡屡被南非官员禁止出口。"有时我的酒遭到拒绝的次数你都难以想象——三个专家顾问组，一个技术

ⓘ 下图

南非黑地产区用旱耕法种植的葡萄，景象动人心魄，其实南非有许多非常前卫的酒农都在此地工作和生活。

顾问委员会，甚至还有顶尖葡萄酒与烈酒的品鉴委员会 PEW 协会，"Craig 继续说，"PEW 协会的人当时跟我说，如果我的葡萄酒出口，很可能会给'南非葡萄酒'抹黑。最终就是一小撮人代表整个葡萄酒行业来粗暴地决定葡萄酒的口感应该是什么样。我并不想故意跟他们作对或者非得做一个特立独行的反叛者，我只是想说，如果我们愿意从内部针对这种情况做出改变，那么有创造力、有想法的年轻人就不会被压迫得这么严重。他们很多人的葡萄酒如果不经过无菌过滤或者澄清甚至都不敢装瓶，就是因为他们害怕会受到负面的抨击。墨守成规并不难啊。你只要打开除菌过滤器，那么五点半你就能准时下班回到家，跟朋友喝上一杯啤酒，生活乐无边。"

⏱ 上图

Alexandre Bain，普伊-芙美的明星自然酒酒农（他的酒庄以自己的名字命名），一直被官方威胁要取消他家葡萄酒的原产地认证，因为他酿制的葡萄酒属于"非典型"的酒。在 2015 年 9 月，他的葡萄酒被原产地认证正式除名，直到现在他还在对这个结果进行申诉。

——

⊖ 左图

在法国卢瓦尔河产区的 Etienne & Sébastien Riffault 酒庄中，Sébastien Riffault 正在照料自家的葡萄。

　　Craig 同这个体制斗争了很多年，屡战屡败，屡败屡战，最终还是柳暗花明又一村，找到了解决办法。但其他人可能就没这么幸运了。比如，在欧洲，许多酒农都面临着被原产地葡萄酒除名的风险，因为他们不愿意遵从产区官方对种植及传统葡萄酒标准风味与口感的统一规定。来自桑塞尔的自然酒酒农 Sébastien Riffault 告诉我们，因为自己的种植园中种了其他的植物，葡萄藤间有一些杂草，所以他经常会收到官方的警告。同样，来自意大利皮埃蒙特的酒农 Stefano Bellotti 会在葡萄园内种上一些桃树来维持园中的生物多样性，这一点也受到了官方的严正警告。根据官方的说法，Stefano 的这种做法污染了土地，此处已经不能称为"葡萄园"了，自然他们的产品也不能被称为"葡萄酒"。这也许听起来很荒唐，但是官方已经禁止 Stefano 以葡萄酒为名出售自己的产品了。

　　就算是自然酒界的标杆性人物也会遇到麻烦。比如在 2008 年，勃艮第产区的产量和质量都有些不尽如人意。而勃艮第产区 Prieuré-Roch 酒庄的夜-圣乔治（Nuits-Saint-Georges）红葡萄酒被官方拒绝进行原产地葡萄酒的认证，因为他们的葡萄酒不像其他人那样额外加糖，于是酒精成分可能比其他酒庄低很多。酒庄合伙人 Yannick Champ 说："我们的葡萄园一直都是业界公认独一无二的存在，没有上千年也有几百年了。一个只有二十年经验的人就来对我们指手画脚，这真的合理吗？"

法国的一位自然酒倡导者及葡萄酒记者 Sylvie Augereau 告诉我："我见过几个大老爷们儿因为失去了原产地葡萄酒认证而痛哭流涕，因为这意味着整个村庄都与他们为敌了。"这也难怪，毕竟官方的惩罚确实会导致许多人失去生计。2013 年秋天，来自法国勃艮第产区的一位生物动力法酿酒商 Emmanuel Giboulot 就亲身体会了一下这种制裁。官方的惩罚包括一笔高额罚金，当事人甚至可能面临牢狱之灾，原因仅仅是没有按规定给自家葡萄藤喷洒杀虫剂。还有一些酒农在经历了多年的起诉后，不得不将自家商店关门大吉。

这其实是一种政治迫害，因此许多酒农只能从"日常餐酒"（vin de table）、"地区餐酒"（vin de pays）、"法国餐酒"（vin de France）或其他国家的同级别酒水中寻求庇护。唯有这样才能逃脱法定产区葡萄酒认证的约束。但是，远离体制会让他们的酒水难以打开销路。法国 Domaine la Bohème 的自然酒酒农 Patrick Bouju 说："比如我就无法在我的网站上标明酒庄地址。因为根据法国'日常餐酒'的规定，产品介绍中不能包含任何关于地理位置的描述。"

想要跟大环境对抗是非常困难的。无论是面对大自然、面对传统葡萄酒同业，还是面对市场，自然酒酒农们在不同层面上都面临着风险。简单来说，要忠于自己的信仰需要极大的勇气。能坚守信念的人在我们当今社会的确是了不起的存在。

所以，下次当你拿起一瓶葡萄酒的时候，可以稍微思考一下，这瓶酒在上到货架之前，到底经历了多少艰辛。虽然传统葡萄酒和自然酒在外表上大同小异，但它们可是截然不同的两种东西。尤其是自然酒中所包含的诚心与努力，是值得我们由衷赞赏的。

无论是面对大自然、面对传统葡萄酒同业，还是面对市场，自然酒酒农们在不同层面上都面临着风险。

※ 谈观察 ※
访问 DIDIER BARRAL

Didier Barral 在法国朗格多克产区拥有一个占地约 60 公顷的混养农场。农场中一半的面积用于种植白特蕾和灰特蕾这些本土的葡萄品种。

"如果想探知大自然的奥秘，你就必须对周遭的环境足够敏感。观察是一种非常重要的能力。

"自然界中一切事情的发生都是有原因的。大自然用上百万年的智慧才演化出现在的样子。假如事情顺其自然地发展，那么背后一定是有原因的，一般都不是偶然或者意外。一旦人类介入，他们就会制造出各种各样的问题，强行打破这种平衡。这时我们人类应该好好反思自己的行为，而不是质疑大自然的运行方式。因此，观察才格外重要——它帮助我们去了解自己应该如何适应环境，并且与已存在于环境中的事物协同合作。

"如果你在雨后开车缓缓经过田野或是葡萄园，就会发现地上有大大小小的水洼。但如果你走进一片未经开发的森林，就会发现那里的地面是非常平整的。这是因为在葡萄园和普遍意义上的农田里，我们已经把土壤中的生物杀死了。土壤内部已经没有蠕虫、昆虫或者其他的微生物能松土，然后将空气带入土壤的内部。这很大一部分要归咎于我们使用的化学药剂，但即便是犁地这样的耕作行为也会破坏土壤内部的平衡。正是土壤的平衡和由这种平衡所支撑的土壤内生命体，使土壤本身保持着渗透性。因此，我们应当把握住这一关键要素：如何将森林中那种平衡的生态在葡萄园中复现出来。

"我们现在不再犁地，改用一种来自巴西的滚筒来压平葡萄藤间的各种野草。这样做可以保护土壤不受日晒的损害，防止水分蒸发，维持地下土壤的湿润度。如果失去了这些野草，太阳直晒土地，土壤环境就会变得非常恶劣而脆弱。风雨会将土壤中珍贵的

黏土以及腐殖土冲刷掉，最后你就只能对着一堆沙子黯然神伤。在阳光和煦、水分容易蒸发的环境里，保留野草，尤其是个好办法。而且，草丛里住着各种各样的昆虫，于是会吸引来田鼠、鼩鼱、小鸟还有其他各种各样的小动物。这些小动物死后，它们的尸体会回到土壤当中，为植物提供必要的养分。

"如果是在一个被犁过的，或者更糟的是被喷洒过除草剂的葡萄园，葡萄藤要完全依赖人工的培育和照料。当你购置肥料时，无非是买回来了一些草料和羊粪的混合物。但如果你的葡萄园里长了一些野生植物，那就形成了一个更为复杂的生物网络，你的葡萄能摄取到更为丰富的养分。

"我曾经也会自己买一些粪肥，但当我给葡萄施肥时，把肥块从土里挖出来，就发现下面几乎没什么生物。相反，如果挖起的是我的马排出的粪便，那么底下就会出现蚯蚓、白色蠕虫和各种各样的昆虫。马粪能吸引来生物，粪肥却不能。我一开始并不是很理解个中原因，但其实道理非常简单。粪肥所用的肥料是尿液和粪便，这两种排泄物在自然环境下并不会同时出现，对于昆虫这种小生命来说，粪肥有点太浓烈了，所以它们只能'敬而远之'。由这件事开始，我们重新审视了一下自己的葡萄园，决定要让它恢复到从前放牧的状态。我们放了两匹马还有五十头牛，收效非常好。因为牛粪冬暖夏凉，一年四季都能吸引蚯蚓前来进食和繁殖。如果土地表面没有被植物和动物排泄物覆盖，那荒凉的土地就会又冷又干，蚯蚓也不会出现了。

"如果一切能够重来，我会对年轻的 Didier Barral 说什么呢？我会建议他去观察，去试着理解周遭发生的一切，但是最重要的是一定不要违背大自然的规律。你要有耐心，有一双敏锐的眼睛。尽量多花时间跟你的葡萄藤相处，而不是坐着飞机四处出差。要永远记得与你的土地紧密连接。"

何人：运动的起源
WHO: THE ORIGINS OF THE MOVEMENT

我们这代人从三十五年前生活在前线的少数酒农手中继承了这波浪潮。

——Etienne Courtois, 法国卢瓦尔河地区的自然酒酒农

在大约八千年前人类刚开始酿酒的时候，还没有一包包的酵母、维生素和酶，紫米加[1]，或者是单宁粉可供使用。一切都是天然的，不添加任何物质，也不去除任何物质。酒曾经被默认是"自然"的。从 20 世纪 80 年代开始，才需要对它进行限定（在"酒"之前加上"自然"这个限定词），以此把"自然酒"与已经添加了大量外物的现代葡萄酒区分开来。

① 上图

随着第一代自然酒界的标志性人物退出历史舞台，他们的后代继承了衣钵。Etienne Courtois 与他的父亲 Claude 在 Les Cailloux du Paradis 紧密合作。

正如绿色革命[2]巩固了绿色运动，回归本质的自然酒运动也是如此。自然酒运动诞生于葡萄栽培的强化以及干预主义酿酒方式愈演愈烈的环境中。自然酒酒农从主流中分离出来，质疑同行们所采用的"先进技术"，转而开始试验其祖辈流传下来的酿造方式。有些酒农一直没有放弃自然酒的立场，另一些则成为普通的葡萄酒酿造者，直到几年后才掉头回到自然酒的怀抱。

这场运动并不是某个人的功劳，因为当时世界各地反对现代化酿酒趋势的人实在是太多了。他们坚持不懈，按照自己的信念生产葡萄酒，有时甚至完全不了解世界其他地区乃至自己所在地区迅速兴起的自然酒网络。对许多酒农而言（甚至目前仍是如此），生活非常艰

1　紫米加（Mega Purple），一种被用作食品添加剂的浓缩葡萄汁。
2　绿色革命（Green Revolution），又称第三次农业革命，发生于 20 世纪 50—60 年代，主要是倡导使用一些农业新技术，并于 20 世纪 60 年代末显著地提高了全世界的农业产量。

难。葡萄园经常遭到破坏，整个酒窖被毁，他们所用的酿酒方法被邻居们嘲笑。"我们比我父亲那辈容易多了。"Etienne Courtois 说，他与他的父亲 Claude 共同工作。Claude 是法国卢瓦尔河产区的自然酒传奇人物之一，"是他们那代人打下了基础……时至今日，才能有人懂得欣赏自然酒，倾听关于自然酒的历史并试图去了解整个酿造过程。二十年前可不是这样的，那时没有农贸市场和有机商店。对我父亲那辈而言，生活真是太不容易了"。

在遗世独立中默默奋斗的一个卓越的案例是已故酿酒师 Joseph Hacquet。Hacquet 是一位有远见卓识的自然酒酿酒师，他同妹妹 Anne 和 Françoise 住在卢瓦尔河畔的比尤利（Beaulieu-sur-Layon）。Hacquet 不仅以有机方式进行葡萄栽种，并且避免在酿酒中使用任何添加剂。从 1959 年起，他酿造出了超过五十个年份的"不添加二氧化硫"葡萄酒。"战后，自然酒被视作违反常规且反爱国主义的产物"，Les Griottes（同在卢瓦尔河产区）的 Patrick Desplats 说，当 Hacquet 无法亲自照料葡萄园时，Patrick 与他的朋友 Babass 接手了庄园。"Joseph 与他的妹妹们真的认为他们是世界上硕果仅存的自然酒酒农。"

但幸运的是，随着自然酒运动在世界各地的传播，大多数酒农不再孤单。有些酒农启发了其他人，他们的酿造理念像是涟漪一般在附近的

◷ 上图

意大利自然酒运动的幕后推手之一 Angiolino Maule 的 La Biancara 酒庄位于威尼托。他的儿子 Francesco、Alessandro 和 Tommaso 在此与他并肩工作。

———

◷ 左图

如今，Matthieu Lapierre 与他的母亲和姐妹一同掌舵 Domaine Marcel Lapierre。

⏻ 上图

La Biancara 出品的葡萄酒。

地区传播开来。于是这些酒农聚集在一起，播撒下种子，逐渐生根发芽，慢慢扩散成区域性和国家性的运动，如今甚至发展成了世界性的运动。类似的例子包括：意大利—斯洛文尼亚集群（由 Angiolino Maule、Stanko Radikon 和 Giampiero Bea 等人发起）和（法国）博若莱集群（由已故的 Marcel Lapierre[1]、Jean-Paul Thévenet、Jean Foillard、Guy Breton，以及 Joseph Chamonard 领导）。后者与法国其他地区的酒农也有联系，例如 Pierre Overnoy（汝拉省），Dard & Ribo 和 Gramenon（位于罗纳河地区）。这在很大程度上要感谢两位杰出的幕后人士的努力，他们是：Jules Chauvet（1907—1989）和他的门徒、自然酒顾问 Jacques Néauport（有关这位关键人士的更多信息，请参见下节《勃艮第的德鲁伊》）。

Chauvet 一开始在勃艮第产区做酒农兼酒商，他对化学和酿酒生物学都有着极其浓厚的兴趣，这促使他逐渐开始与欧洲各地的研究团体进行合作。这些团体包括里昂的化学研究所、柏林的 Kaiser Wilhelm 学院（现为 Max Planck 学院）和巴黎 Pasteur 研究所。Chauvet 孜孜不倦地工作，用科学的方法解决葡萄酒因自然酿造带来的问题，对许多领域进行了研究和探索，比如酵母的功能，酸度和温度在酒精和苹果酸发酵中的作用，以及在二氧化碳浸皮法的实施过程中如何降低苹果酸，为那些想要走上自然酒路线的酒农们提供了宝贵的建议。已故的 Marcel Lapierre 是 20 世纪 80 年代以"不走寻常路"的自然酒打入巴黎自然酒吧的早期自然酒酒农领军人物之一，他就曾说过："我想像我祖父一样酿酒，不过要再加上 Chauvet 的科学见解。"

"在 1985 年时，我品尝了 Chauvet 的葡萄酒，紧接着又品尝了 Lapierre 的一款酒，我当时被深深地触动了。"卢瓦尔河产区 Les Vignes de l'Angevin 的自然酒酒农 Jean-Pierre Robinot 回忆道。Jean-Pierre 曾经是一位作家，1983 年与他人共同创立了《红与白》（Le Rouge et Le Blanc）杂志，

---

1 Marcel Lapierre 在法国自然酒领域非常有名，影响了博若莱的一大批酒农。博若莱曾由于过度商业化，行业乱象频生，他通过调整酿酒方法及理念，扭转了博若莱产区在公众心目中的负面形象。

Pierre Overnoy 在法国汝拉省的葡萄园。

开始了他的葡萄酒生涯。随后，在 1988 年，他成了一名酒吧老板，在巴黎开设了 L'Ange Vin 酒吧。"当时我们四五个人之中，我是最晚开店的，" Jean-Pierre 补充道，"大家都觉得我们疯了。我们特意称之为'自然酒'，因为那些酒可不只是有机葡萄酒这么简单，所以我们需要在称谓上明确这种差异。虽然当时'不添加二氧化硫'的葡萄酒在市面上寥寥无几。"

如今的情况已大不相同。自然酒在巴黎的热度一时无两，成千上万的酒吧、商店、餐馆都在疯狂囤货。纽约、伦敦和东京也不甘落后。美国的葡萄酒作家 Alice Feiring 告诉我："在美国主要的葡萄酒消费城市——奥斯汀、纽约、芝加哥、旧金山和洛杉矶，大多数高级餐厅对自然酒的需求量都很大。"

尽管酿造自然酒已经成了世界级的现象，但绝大多数自然酒酒农依旧驻守在法国和意大利这两个旧世界葡萄酒的枢纽地区。不过情况正在发生变化，在南非和智利开始出现一些个体酒农，在澳大利亚和美国（尤其是加利福尼亚州）也开始出现一些酿造自然酒的小群体。

※ 勃艮第的德鲁伊 [1] ※

访问 JACQUES NÉAUPORT

在自然酒圈内, Jules Chauvet（见 134 页）常被视作现代法国自然酒之父。但大家都不知道的是，他其实是一个很低调的人。事实上，在他职业生涯的大部分时间里，他都待在不同的实验室里，有时单独工作，有时和一群来自欧洲的他选择的合作伙伴共同工作。他一向对那些官方机构敬而远之，毕竟这些机构的一些做法他个人是持反对甚至鄙

夷态度的。在他死后，人们才开始对他的研究产生浓厚的兴趣。这要归功于他的一位挚友。他曾跟着 Chauvet 一同进行葡萄酒的研究和工作，建立起深厚的友谊。在 Chauvet 离世之后，他发表了 Chauvet 在葡萄酒方面的研究，并且将这些理论知识付诸实践，让 Chauvet 所在的产区发展为自然酒的中心。Chauvet 的这位挚友极大地促成了某些法国酒庄向自然酒酒庄的转型，虽然几乎没有人知道他是谁，但他确实是现代自然酒历史上最伟大的推动者。他就是 Jacques Néauport，人称"勃艮第的德鲁伊"。

"一直到 1989 年 Jules 去世前，我跟他都是非常要好的朋友。我不希望他一生的研究心血化为乌有，当时还真就有老鼠在啃食他的书稿呢，"这位六十五岁的葡萄庄园先锋说道，"我不希望天才用一生写就的作品就这样白白消失，所以我下定决心，要将他留下的智慧遗产发扬光大。我尽己所能将他的作品发表出来，还写了文章记录他的一

---

1 德鲁伊（Druid）意为"橡木贤者""通晓树的知识的人"，是古凯尔特人的祭司，同时也是先知、医师、教师、法官。

生。不管我走到哪里，我都会宣扬他的理念。现在，葡萄酒世界已经不再忽视他做出的宝贵贡献，所以我想自己应该是成功了。"

"但是，没有人知道你为葡萄酒发展所做的一切，你会对此感到失望吗？"我问道。

"我们生活在一个追求外表的世界里。只有'看得到'的东西才存在，看不见的东西就不存在。当代社会未免有些夸张。但你知道，重要的事情往往都是那些你压根儿没听说过的人去完成的。"Jacques 说。

就是这个人，他以巨大的影响力极为深刻地促成了我们今天所知的这场关于自然酒的运动。他在某种程度上，可被视为自然酒界的 Michel Rolland[1]。他的客户名单读起来就像是一份当代名人录：汇集了博若莱地区名声最振聋发聩的酿酒师（包括已故的 Marcel Lapierre、Jean Foillard、Joseph Chamonard、Guy Breton 和 Yvon Métras[2]），Pierre Overnoy、Pierre Breton、Thierry Puzelat[3]、Gérald Oustric[4]、Gramenon 酒庄、Château Sainte-Anne 和 Jean Maupertuis，等等。Jacques 甚至在 1985 年和 1987 年为 Gérard Chave[5] 制作了两款无二氧化硫的埃米塔日（Hermitage）白葡萄酒，Gérard 将其收藏在自己的私人酒窖中。他与一些酒农合作了十几年，每年都酿造制作年份葡萄酒（比如，与 Lapierre 合作了十九年，与 Foillard 合作了十一年，与 Overnoy 合作了十七年），并在 1981 年的时候，将 Marcel Lapierre 介绍给他的朋友 Jules Chauvet。

"我不喜欢一次与超过十名酒农合作，那样事情会变得太过复杂。"Jacques 解释道。并且确实，有些年份比较"容易"（这是他说的，不是我！），比如 1966 年的时候他出产了四十二万瓶不含二氧化硫的酒，即使放在今天，这也是非常了不起的。

Jacques 一开始在英国教法语，工资基本都拿去买他喜欢的葡萄酒了。教法语的间隙，他会顺路拜访一些葡萄酒农。七年之后，当他开始全职从事葡萄酒工作时，他已经访问了法国各地酒农多达两千余次。"我一直都是为酒而活的，但确实从没想过要拥有一个自己的葡萄园。我想四海为家，想在不同的风土条件下酿造不同的葡萄品种。"

1 Michel Rolland 1947 年出生于波尔多产区的酒农家庭，他的酿酒实践深刻影响了后世对葡萄酒酿造的理解。他不断践行葡萄酒酿造大师们的理念，控制发酵温度以及浆果的成熟度，他所坚持的"新派酿酒技术"在当今世界有着广泛的影响。
2 Yvon Métras 在 Marcel Lapierre 的影响下改变了自己的酿酒方式，加入到自然酒酿制的行列当中来，Yvon Métras 酒庄是博若莱产区的知名自然酒酒庄。
3 Thierry Puzelat 的酒庄位于法国都兰（Touraine）产区，使用的是长相思葡萄，出产口感清甜的白葡萄酒。
4 Gérald Oustric 是法国罗纳河谷地区重要的自然酒酒农。
5 Gérard Chave 在 1970 年接手 Domaine Jean-Louis Chave，Chave 家族在埃米塔日丘种植葡萄已有五百年历史，其酿造的埃米塔日葡萄酒非常知名，是多位国王的心头好，包括法国国王路易十三和路易十四、俄国沙皇尼古拉二世。

"我第一次见到 Jules 是在 1978 年的春天。他喜欢香气馥郁的葡萄酒，但在 20 世纪 50 年代初与一位朋友在普伊－富赛（Pouilly-Fuissé）进行了一次尝试之后，他发现自己更加喜欢葡萄酒去掉二氧化硫之后丰富复杂的口感。从那时起，他就酿造没有二氧化硫的葡萄酒，但由于他没有告诉别人，所以当时葡萄酒界并没有把他视为圈内人。"Jacques 解释道，"我认识他的堂兄，并且因为我在 70 年代中期就开始尝试无二氧化硫的酿造法（感谢那些年的派对、宿醉以及英国正宗啤酒运动[1]的诞生），所以不久之后我就听说了他的作品。我们一开始没有很来电，我第一次前去拜访他时已是深夜，而且也没有事先通知。我参加过 1968 年的学运，整个人反叛得很，也不清楚面前这个人有多么杰出和超前。"

"自然酒的酿造要求酿酒师非常精准。就像一条链子——最弱的部分决定其最终的强度。所以，你必须严谨，不能一味求快。一切都需要时间。某种程度上，我的作用是让酒农们安心。自然酒的酿造也没有什么秘方。有三年的冬天，我都在尝试编写自然酒的酿造配方，但都无功而返。酿酒的艺术从葡萄抵达酒窖的那一刻开始。唯一重要的就是尽量保持葡萄园采用有机种植，或者更理想地，采用生物动力法种植，这样你的葡萄就会拥有更丰富的原生酵母菌群。这是我系统地统计过每一个年份的菌群数量后得出的结论。"

"我见过很多难以想象的事，"Jacques 补充道，"那些非有机的葡萄园里，或是虽然是有机葡萄园但有邻居喷洒化学制剂，酵母菌都被消灭了。尽管如此，我还是想办法把酒给酿出来了。有时候真的挺怪的，其他人都无法让葡萄汁发酵，但我总是能想到法子。有些人说我有魔法，有些人说我直觉准，不管是什么，这就是我被称为'德鲁伊'的原因吧。"

若想获得幸福，那就请遁世而活。

——《蟋蟀》(*The Cricket*)，Claris de Florian 的寓言

1　正宗啤酒运动（Campaign for Real Ale, CAMRA），1971 年由四个啤酒发烧友创建的独立消费者组织，反对啤酒的大规模生产和同质化的英国酿酒业，致力于推广正宗啤酒、苹果酒、佩里酒和相关酒吧、俱乐部，现已有十余万位注册成员。CAMRA 也影响了欧洲啤酒消费者联盟（EBCU）的创建。

何地何时：酒农协会

WHERE AND WHEN: GROWER ASSOCIATIONS

我一直都是一个自然主义者，所以 2000 年，我决定要和志同道合的人们团结在一起。

——Angiolino Maule，VinNatur 意大利天然葡萄酒酒农协会创始人

酒农协会是自然酒世界的重要组成部分。光是在欧洲就有超过六个这样的协会。大部分这样的组织规模都不大，当然其中也不乏较大的组织，成了现代自然酒运动的推动者。这些组织拥有数十名，甚至上百名成员，为酒农与品鉴者提供了大量资源。

大部分在现代葡萄酒领域所取得的科学成果都是由大企业出资支持的，这也意味着，研究结果往往着眼于传统工业化葡萄酒酿造领域，对于自然酒酒农的帮助十分有限。协会作为理念相同的酒农们自发聚集而成的草根组织，是一种交流想法、分享经验、传递知识的极好方式。很多酒农协会就是出于这一目的而成立的。

协会还为酒商们提供了一个集结资源的机会，通过联合品酒活动和交流会议来与业界和公众分享自己的产品。贸

🕐 上图

S.A.I.N.S. 仅接受酿制纯正自然酒（由 100% 的葡萄汁发酵而来，无任何添加剂）的酒农。

易商们，尤其是寻找新品的进口商，往往很依赖这些协会以及它们所举办的品酒活动；此外，这些协会也对消费者很有帮助。考虑到目前监管的缺失，许多协会便自发制定各自的质量管理章程来规范会员，同时也为消费者提供了一些基本的品质保障。下面就是一些好协会的例子：

S.A.I.N.S. 成立于 2012 年，尽管规模很小（目前只有十二个成员），但因为是所有酒农协会中最为"自然"的一个，所以在业内分量不小。它只接受那些在所有葡萄酒中都不使用添加剂的酒农。

VinNatur 意大利天然葡萄酒酒农协会是酒农协会的先驱，它与不少大学和研究机构进行了创新性的合作，这使我们对自然酒种植和生产过程，以及它对饮用者健康的影响，都有了进一步的了解。尽管酒农不必经过有机认证即可成为 VinNatur 的一员，但该协会会测试其每个成员的样品中是否有杀虫剂残留，并且帮助那些在样本中监测到残留杀虫剂的酒农重拾自信，去酿出纯净的酒。不过，VinNatur 的创始人 Angiolino Maule 也表示："如果三次检验都不合格，那么他们就失去会员资格了。"（有关这位大人物的更多介绍，请参阅 66—69 页《谈面包》。）

法国自然酒协会是法国除 S.A.I.N.S. 之外，唯一一个对二氧化硫总量实施严格限制的酒农协会。想要成为会员的话，其产量80% 的葡萄酒中不能含有任何二氧化硫，而其余 20% 中红酒的二氧化硫含量必须低于每升 20 毫克，白酒的二氧化硫含量必须低于每升 30 毫克，不论酒的风格或含糖量如何。

拥有近 200 名成员的**风土复兴协会**是最大的酒农协会。它由生物动力法农业的知名人物 Nicolas Joly 创立（有关这位自然酒拥趸的更多介绍，请参阅 43—45 页《季节性与桦树汁》）。虽然它并非严格意义上的自然酒酒农协会（有些成员产品里的二氧化硫含量不低），但许多成员还是坚持自然酒的酿造方式。而且，这也是唯一一个必须通过有机或生物动力法认证才能成为会员的协会。

何地何时：葡萄酒展会
WHERE AND WHEN: WINE FAIRS

随着人们对自然酒的了解加深，全世界出现了越来越多的展会，让品鉴者得以与酿造这些酒的幕后英雄们济济一堂。大部分酒展都在法国或者意大利举办，常常是由酒农协会（见 139—140 页）组织以集中展示其成员的劳动成果，或是由进口商组织，主要是用来展示他们代理的品牌。但近年来，一些独立酒展也在世界各地兴起，从东京到悉尼，从萨格勒布到伦敦，每个城市至少主办过一次酒展，让业内人士和消费者有机会和酒农面对面交流，并且能够有机会一次性品尝到各式美酒。

🕐 上图

RAW WINE（我于2012年创办的葡萄酒展会）是世界上唯一一个要求酒农必须向公众展示其在酿酒过程中使用的所有添加剂或人工干预措施（包括二氧化硫总量）的展会。

La Dive Bouteille 酒展仅对葡萄酒专业人士开放，在 2014 年举办了第十五届。这是有史以来第一个低干预性葡萄酒的酒展，并且也是当今参与人数最多的酒展。该酒展由 Pierre 和 Catherine Breton 以及二十多位朋友在 20 世纪 90 年代后期创立，最终移交给葡萄酒记者兼作家 Sylvie Augereau 来管理，如今已有超过一百五十名酒农参展。"我是那种战斗力比较强的人，我的使命就是不让那些坚持古方自然酿酒的人被边缘化。我想要捍卫自然健康的酿酒理念，让这些人的劳动获得业界和公众的认可。之前我跟许多酒农讨论，感到大家普遍遭到孤立，所以 La Dive 为大家提供了一个交流的平台，把大家的力量汇聚到一起。"

一开始，所有人都觉得我们是外星来的怪胎。如今，我们吸引了来自世界各地的买家。

——Sylvie Augereau，La Dive Bouteille 酒展

看到 La Dive 的例子，我自己也备受鼓舞，在五家英国进口商的帮助下，我于 2011 年创办了 The Natural Wine Fair。虽然这个项目并未持续很长时间，但为次年创办 RAW WINE 铺平了道路。RAW WINE 将大家（包括酒农、葡萄酒协会、各类贸易商以及普罗大众等）聚集在一起，交流想法、品尝美酒。每年，我们在伦敦、纽约、柏林都会举办活动，RAW WINE 也逐渐成为世界上最大的低干预、有机、生物动力和自然酒展会。并且，由于参展成员对于葡萄酒酿制工序中使用的添加剂和人工干预措施的信息透明度很高，我们可能也是众多酒展中理念最为先锋的展会。RAW WINE 旨在通过倡导酿制工序透明化来推动人们关于自然酒的讨论。这是唯一一个要求酒农公开葡萄酒制作过程中添加剂或酿造方法的展会。它有严格的筛选标准，并要求酒农对自己公开的信息负责。鉴于目前为止，对自然酒的定义不甚明确——但自然酒又变得越来越受欢迎（加上不少生产商迫切想要赶上自然酒的潮流），这将是一项棘手的工作。但是，只要酒展坚持自己明确的质检章程，就算不能保证不出错，也至少能保证大多数酒农遵守规则。

还有其他一些类似的展会也值得留意，比如意大利的 Villa Favorita（由 VinNatur 组织）、Vini Veri、Vini di Vignaioli，法国的 Greniers Saint-Jean（风土复兴协会在卢瓦尔河地区举办的品酒会）、Buvons Nature、Salon des Vins Anonymes、Les 10 Vins Cochons、À Caen le Vin、Vini Circus，日本的 Festivin，以及澳大利亚的 Rootstock，此处仅举几例。

⏱ 上图

为了参加 2013 年度的 RAW WINE，S.A.I.N.S. 参展酒农的样酒都由帆船运送到伦敦市中心。

——

⊖ 右图

Noma 是哥本哈根屡获殊荣的米其林二星级餐厅，连续三年入选"世界 50 家最佳餐厅榜单"，多年来一直提供自然酒。

何地何时：品尝和购买自然酒

WHERE AND WHEN: TRYING AND BUYING NATURAL WINE

我不是为了要夏布利而要夏布利，我更希望用它来体现出我们对食物的理解以及处理方式。

——伦敦米其林二星级厨师 Claude Bosi 解释选择自然酒的原因

🕐 上图

Claude Bosi 通常在菜单中使用自然酒佐餐，他认为自然酒丰富的口感层次和纯正的风味最为适配他的菜品。

"一开始的时候我们遭遇了狗屁不通的评价，有些你完全无法想象。"René Redzepi 说道。René 是 Noma 餐厅的主理人，Noma 从多年前就开始采用自然酒的酒单。"我们是丹麦最早一批接受自然酒概念的餐厅，尽管瓶身上都标注着自然、生物动力或有机这些字眼，但这并不能保证这些酒都好喝。不过，还是有一些技艺惊人的酒农……"René 补充道，"一旦你开始喝那种酒，就曾经沧海难为水了。"

如今，越来越多的餐厅把自然酒列入餐厅酒单，原因在于自然酒的口味精准，风格纯正。几年前，在我的帮助下，Brett Redman 的 Elliot's，一家位于伦敦自治市镇市场的本地风味餐厅，将自家酒单里的酒全部换成了自然酒。

"厨师们很容易就爱上自然酒，"Brett 说，"因为我们在工作中要处理很多食材，所以最关心的就是食材的品质和创造出有趣的口味。问题是大部分厨师不了解酿酒的过程。比如说，在我们将酒单里的酒全部换成自然酒之前，我以为酿酒师是葡萄酒生产过程中最重要的人。现在我知道种植园中的农民才是最重要的人。"并且，像 René 一样，Brett 相信一旦你喝过自然酒，就很难走回头路了。"厨房里大部分的厨师，在我们这儿工作三个月不到，就只喝自然酒了。"

现在，自然酒已被出口到世界各地，无论在哪里都可以品尝到佳酿。其中最适合配餐的那些自然酒多半都能在餐厅里喝到。餐厅的工作人员还会当面为客人介绍为什么这一款酒与众不同，口感独特。在世界上的一些顶级餐厅，比如伦敦 Claridge's 酒店的 Fera 餐厅、哥本哈根的 Noma、纽约的 Rouge Tomate 和奥地利的 Taubenkobel，酒单上总有丰富的自然酒可供选择。也有很多更随性一些的餐厅，比如伦敦的 Elliot's、40 Maltby St、Antidote、DUCKSOUP、Brilliant Corners、p.franco、Naughty Piglets、Brawn、Terroirs（及其姊妹餐厅 Soif），巴黎的 Vivant 和 Verre Volé，纽约的 The Ten Bells，威尼斯的 Enoteca Mascareta 等，也会提供丰富的自然酒选择。

🕐 上图

旧金山的 The Punchdown 是值得一游的自然酒胜地。

——

🕐 下页图

位于法国南部贝济耶的 Pas Comme Les Autres 酒吧拥有约 200 个箱子，储存着精选的自然酒。

同样，起源于巴黎的自然酒吧已经逐渐开到了世界各地，比如旧金山的 The Punchdown、Ordinaire 和 Terroir，蒙特利尔的 Les Trois Petits Bouchons 和东京的 Shonzui（日本现在是最大的自然酒出口市场之一），等等。

在零售端，很多酒贩是在不经意间买到了一些自然酒，但想要在大型超市买到自然酒就需要一些运气了。由于产量低，几乎没有店家愿意进货（英国的 Whole Foods 是个例外）。并且，目前你还无法仅仅通过查看酒标就将自然酒与传统葡萄酒区别开来。所以在英国，解决这一问题的最好办法是网购。法国要先进得多，大多数主要城市都有专门的特色葡萄酒商店，包括巴黎的 La Cave des Papilles 和贝桑松的 Les Zinzins du Vin。纽约的情况跟法国相近，Chambers Street Wines、Thirst Wine Merchants、Discovery Wines、Frankly Wines、Henry's Wines & Spirits、Smith & Vine 和 Uva 等商店都在大洋彼岸持续推动着自然酒的发展，将自然酒的风潮带向各处。

※ 谈苹果和葡萄 ※

访问 TONY COTURRI

Tony Coturri 在美国加利福尼亚州索诺玛县的艾伦谷（Glen Ellen）拥有一个不进行灌溉的老农场，占地 2 公顷，是一个金粉黛葡萄园。他也从附近的有机葡萄园购买葡萄。Tony 是美国自然酒的先驱之一，自 20 世纪 60 年代就开始进行有机耕种，并且一直在酿造完全不含添加剂的自然酒。

"您可能会认为索诺玛和纳帕这样的地区一直都是葡萄产区，但事实并非如此。例如，从这儿往西的塞巴斯托波尔（Sebastopol）地区以前都是苹果产区。到 20 世纪 60 年代早期，情况才开始发生变化。"当时苹果的售价是每吨 25 美元，可以说是贱卖。如果从财务的角度来看，一文不值。所以为了地区的未来，政府出台了一项政策，推广格莱文施泰因苹果（Gravenstein）的种植。由美国银行为农民们提供贷款，资助他们种植格莱文施泰因苹果，一股大种植园的浪潮随之而来。

"但格莱文施泰因苹果是质地很软的品种，只适合做酱或榨汁，还不易储存，所以它们的采摘和加工期限都很短，这就造成了一些隐患。因为质地较硬的苹果的优势就在于你可以将其低温储存，需要时再取出来加工处理。因此，整个格莱文施泰因苹果推广计划最终没有获得任何成效，我们迎来了'葡萄的时代'。

"到 20 世纪 60 年代末（大约是 1967 年、1968 年），加利福尼亚州北部掀起了一股葡萄种植的热潮。到 1972 年，每吨赤霞珠葡萄价值 1000 美元，这在当时是一笔巨款（如今，纳帕的葡萄每吨可以卖到 26000 美元）。所以，农民把原来种苹果、核桃、梨的地都拿来种葡萄了。

"不种苹果种葡萄，当地的地貌也发生了巨大的变化。

"到处都是葡萄，能种的地方都种上了。几乎是一夜之间，它从每个家庭手工作坊的产业摇身一变成了大型制造业。大型葡萄园

与 Tony 外形、身高相似，连胡子都一模一样的酒窖助手（在葡萄采收时会帮忙），正在检查发酵中的葡萄。

——

↪右图

Tony 充满生物多样性的有机葡萄园在索诺玛和纳帕独树一帜。

开始出现，大笔资金涌入。顷刻之间，在葡萄园里和酒窖里工作的人不再拥有自己的葡萄园和酒厂，而是受雇于生活在纽约或洛杉矶的老板。工作内容也出现了明确的职能划分，一个酿酒厂里有五位酿酒师，每个酿酒师负责处理不同的葡萄品种。这是一个巨大的改变。现在为我们所熟知的索诺玛和纳帕就是那时诞生的，当然现在可能变得更加极端了。

"当地的农业种植变得极为单一，农民不仅只种葡萄，甚至还只种固定的一到两个品种，使用高度相似的无性育种进行栽种或改种。大家虽然也讨论金粉黛和其他品种的葡萄，但实际种植时，90% 的人还是不约而同地选择了赤霞珠和霞多丽。如果种赤霞珠可以挣更多钱，为什么要种梅洛呢？采用过熟的葡萄，用水稀释，进行酸化和'校正'后，就成了一瓶售价 100 美元的纳帕佳酿。

"不过，葡萄的大面积种植也带来一些令人喜悦的结果，因为这里有很多被遗弃的苹果树，特别是在西部地区。我所说的不是农民采收后剩下的少量苹果，而是成吨成吨的苹果。我去年认识了 Troy 苹果酒的 Troy Carter，我们一起在我的酒窖中酿造苹果酒。我们用的苹果 90% 来自那些被遗弃的果实。我们只是将它们收集起来，榨汁，将果汁放入桶中，仅此而已。苹果汁自带天然酵母，酒就这样酿成了。Troy 把这些苹果酒带到旧金山售卖，人们都为之而疯狂。

"与葡萄相比，苹果单纯得多。人们对苹果没有什么偏见，对于苹果酒并不会像对葡萄酒那样指手画脚。在人们眼中，那就是苹果酒或是发酵过的苹果汁。因此，苹果酒可以有气泡，可以浑浊，可以出现任何在葡萄酒里不允许出现的情况。大家都欣然接受。没人会说'我要听听这个人的意见，因为他比较懂行，并且我要喝他推荐的酒'。毕竟在苹果酒界并没有《葡萄酒观察家》这样的品鉴杂志。"

PART 3

THE
NATURAL
WINE
CELLAR

自然酒窖

发现自然酒：饮酒入门
DISCOVERING NATURAL WINE: AN INTRODUCTION

⏱ 上图

许多自然酒开瓶后都可以长期保存，所以不妨在冰箱里常备几瓶。就像从奶酪拼盘里挑奶酪那样，时不时挑款酒来上一杯。这样你还能够品味酒的演进过程，甚至可能在开瓶两天后发现某款酒绽放的绝佳风味！

这一章旨在引导你自己去发现自然酒。作为开始，我为你选了一系列风味美妙的高品质自然酒。你可以把这些酒看作是个人的迷你酒窖，或者是一个自助品尝自然酒的套装。这绝不是一张最佳酒单，所推荐的酒也并不见得是世界上最出类拔萃的自然酒。我之所以选择这些酒，是由于它们多样化和丰富的风味，同时它们也能很好地代表各个类型的自然酒。

每个酒农 / 酒庄我尽量只推荐一款酒，这样你就能在有限的篇幅内了解尽可能多的酿酒者。当然，每个酒庄也会出产其他种类的酒，所以我鼓励你尽可以去敞开来试试。你会发现，对你所爱的酒庄从一而终是非常值得的，因为这不仅支持了那些在葡萄园上全情投入的从业者们，还能让你逐渐懂得欣赏不同年份风味的细微独到乃至伟大之处。

如何探索这份酒单

我把推荐的酒分成了六类：起泡酒，白酒，橙酒，粉红酒，红酒，半干型酒和甜型酒。在比例上并不均衡，绝大部分都产自法国和意大利。因为这两个国家是全世界最大的自然酒产区，也拥有最多的自然酒酿造者。每个类别都被分为三种颜色，以便更直观地区分酒体的饱满程度。换言之，酒体更"轻盈"的酒，所标的颜色更浅一些；"中等酒体"的酒，口感适中（不会太轻也不会太厚重），则标上中等颜色；酒体更为饱满（粗犷）的酒，则以更深的颜色来标示。白酒和红酒还会按照出产国来区分：法国，意大利，欧洲其他国家，以及新世界产区。

我还给每瓶酒都备注了香气、质地和风味，以便你能更好地品味它们。如果你想用它们来搭配特定的菜式，又不想为了聚会特地选酒，那么也能从这些备注中获得一些帮助。当然，这些品酒笔记并不是绝对的——自然酒是一种极富生命力的产品，它们风味的起承转合就像孩童一般不可预测，它们在不同的时段呈现出不同的特性，大部分都令人难以捉摸。这些品酒笔记无非是寥寥几笔勾画，让你大致知道自己所喝的酒属于哪个范围，仅供参考而已。

不少自然酒在开瓶之后风味依然持久，因此不妨开上几瓶放进冰箱，时不时品上一杯，随手配上点自己喜欢的奶酪。你能感受到酒的风味在持续变化，有些酒甚至开瓶两天之后才风味最佳呢！

有些酒开瓶之后需要一些时间才能绽放出风味，而有些酒的表现则奔放直接。所有的自然酒都非常精彩，但其中有些在饮用体验上会略显咄咄逼人——有点像实验爵士乐，不知道你能否接受。

我没有给这些酒打分，因为我不大相信给酒打分这回事，尤其是考虑到自然酒随着时间推移会发生巨大的变化，根本无从打分。老普林尼大概早已预见到百分制的出现，于是在两千多年前就睿智地在《自然史》中写道："就让每个人按照自己的标准去判断何为卓越吧。"

自然酒单

据我所知，在《自然酒窖》这一章中所列出的所有酒都符合以下条件：

○ 葡萄园采用有机方法或生物动力法（或同类方法）种植；

○ 葡萄以手工采摘；

○ 仅采用天然原生酵母进行发酵；

○ 不刻意阻隔乳酸菌发酵；

○ 酒水未经澄清（意味着酒单中推荐的所有酒都适用于素食者和严格素食者）；

起泡酒
BUBBLES

白酒
WHITES

橙酒
ORANGES

粉红酒
PINKS

红酒
REDS

半干型与甜型酒
OFF-DRY
& SWEETS

○　酒水未经过滤（只有最基础的粗略过滤，用于去除蝇虫和其他类似的杂物），如果某瓶酒用到了更严密的过滤方式，我会另外标明；

○　在酿造过程中无任何添加剂，个别酒可能添加了二氧化硫，但添加剂量受到严格限制，在白酒、起泡酒或半干型和甜型酒中，添加剂量不超过 50 毫克 / 升，在红酒和粉红酒中则不超过 30 毫克 / 升。该标准由 VinNatur 意大利天然葡萄酒酒农协会（详见 108 页）制定。我在推荐时也遵循这一规定，以便能推荐尽可能丰富的酒。不过，酒单中绝大部分的酒还是毫无添加物的。

关于种植和酿造

所有酒单中推荐的酒都来自有机农场或是生物动力法种植的葡萄园，也有些是两者的结合。其中大部分酒庄都经过相关认证，也有一些尚未经认证（详见 102—104 页《结论：自然酒认证》），但据我所知它们在种植过程中都杜绝除草剂、杀虫剂、农药、杀真菌剂或是同类用品。事实上它们在许多方面都比普遍意义上的有机农场更胜一筹，因为酒农们的执行标准比有机农场和生物动力法农场的基本要求要高得多。

需要注意的是，有部分酒农，尤其是新世界的酒农，并不亲自种植葡萄，有时会批量采购非有机种植的葡萄。用此类葡萄酿造的酒，尽管也采用了"低干预"酿造方法，但并不能算是自然酒。如果你想要进一步探索这类酒款，那么只得从本酒单之外入手了。

○ 上图

对酒农来说，从没有好年份或坏年份这回事，只有容易的年头和困难的年头。有些年份丰收，有些年份则歉收；有些年份日晒充足果实饱满，有些年份终日潮湿果实清瘦。因为自然酒不会对酒水加以"校正"，因此年份的差异会体现得更加明显。

品酒笔记和香气特征

品酒笔记一般相对简洁，通常不会包括酒农的信息和他们的种植哲学，只能记录下某种酒在某个特定时间或环境下的风味。这种方式对自然酒来说尤其是个问题。总之，本书所提供的所有品酒笔记，希望各位还是不要尽信，这只是些未经加工的半成品罢了。

譬如"香气特征"这部分的内容，描述出风味的构成，是为了让读者对酒液的新鲜和馥郁程度有个整体的感觉，不代表酒液"肯定"含有某些特定味道的组合。之所以这么说，是有些原因的：首先，酒液的结构和平衡中是否具备某些特征，是较为客观的判断（比如酸度、单宁度、果香和酒香孰占上风），但香气和口感的体验则是非常主观的，并且与文化也有极大的关系。譬如说，如果你从未吃过醋栗，从没有闻过或吃过热腾腾的黄油吐司，你就绝不可能在酒里品尝出这类味道。但是，可能你此前吃过的其他东西能带来相同的感受（比如黄油面包的味道其实结合了奶油味、麦香，还有一丝咸味），那么你就可以用自己的感受来代替我写在品酒笔记中的体验。因此，即便你没有尝到我在笔记中所写的味道，也没关系；如果能尝到，那当然是极好的。

我们饮酒的体验，与其说是和品酒笔记或酒的评分相关，倒不如说是与饮酒的情绪、场所和分享的对象相关。因此，我建议你喝酒时就像品尝一块可口的奶酪、高纯度的巧克力，或是一杯香气迷人的咖啡一样，在过程中好好感受香气和风味的变化，感受酒香是如何充盈着你的口腔，感受不同的酒在质地上有何区别。最重要的是，好好感受它们带给你的感觉。是让你放松还是不安？是让你心烦还是喜悦？如此种种。喝自然酒是一种感性的体验，所以，用心喝酒，可别用脑喝酒。

请忘掉你自以为了解的那些关于酒的知识，只管去喝酒便是。选你喜欢的酒，千万别把我对这款酒的评价当回事。

——Isabelle Legeron MW

如何使用品酒笔记

示例

❶ Jolly Ferriol, ❷ *Pet' Nat*

❸ 鲁西永, ❹ 法国

❺ 小粒白麝香、亚历山大麝香 ❻（白色）

❼ 百合 | 橙花 | 木髓

❽ Isabelle Jolly 和 Jean-Luc Chossart 这对夫妻酿造了一系列无二氧化硫的自然起泡酒,这款酒便是其中之一。他们接手了法国南部阿格利（Agly）河谷的古老葡萄园,酿造这款酒的葡萄就产自园中贫瘠的泥灰岩地。Jolly Ferriol 酒庄出产的加强自然甜酒（VDN）也十分值得一试,称得上是该地区的代表作。

❾ * 不添加二氧化硫

左边的示例是用来解释《自然酒窖》中所列出的条目。每个条目都会提供该款酒的一些关键信息,包括酒庄、产地、使用的葡萄种类等。

❶ 酒庄名称

生产者的姓名。因为书中大部分的酿造者也会酿造其他种类的酒,你可以用酒庄名字去找找他们的其他作品。他们都是非常优秀的从业者,你可以放心去选。

❷ 酒水名称

并非每款酒都拥有自己的姓名,所以这个项目是选择性列出的（以瓶标给出的信息为准）。

❸ 产区

提供酒庄 / 酒窖的地理区域相关信息。需要注意的是,有许多自然酒都被归类到"餐酒"（或者是餐酒的同等级别）。这通常是生产者自愿选择的,但有时候是因为他们的产区规定问题。因此,这里提到的酒的产区与该酒是否属于 AOC、IGP、DOCG 或其他法定产区并无关系[1]。

❹ 国家

这批酒中绝大部分都产自法国和意大利,尽管世界上有很多地方都有自然酒,比如南美和北美,奥地利、澳大利亚、南非和格鲁吉亚。在这些地区你很有可能在家附近的酒庄就能找到一款自然酒。但世界上绝大多数最传统的非高科技酿造的葡萄酒都集中在法意两国。

1　AOC 即 Appellation d'Origine Contrôlée, 意为经过审查符合标准的原产地; IGP 即 Indication Géographique Protégée, 意为优良产地餐酒; DOCG 即 Denominazione di Origine Controlata e Garantita, 意为意大利优质法定产区葡萄酒。

❺ 葡萄品种

这份酒单里推荐的酒，基本都是由你耳熟能详的葡萄品种所酿造的，然而许多自然酒的酿造者会用当地原生的葡萄品种来酿酒，这些葡萄品种可能我们就有些陌生了。千万别因为不认识这些葡萄就打退堂鼓，毕竟葡萄本身绝不是酒的全部。

❻ 色泽

酒的色泽——红色、白色、橙色或粉红色（在起泡酒和甜型酒类别中会出现这一项）。

❼ 香气特征

提示在饮酒时可能会感受到的香气与风味的类型。需要注意的是这些描述都是相当主观的，实际感受会因人而异（更多说明见 155 页的《品酒笔记和香气特征》）。

❽ 背景资料

提供关于酒的更多细节信息，可能是一些小趣闻，或者是格外突出的特点：比如令人欲罢不能的质地，或是如珍珠般诱人的细密气泡。在有条件的情况下，我还会推荐同类的酒或酒农，方便大家进一步尝试。

❾ 二氧化硫添加量

本酒单推荐的酒款中，二氧化硫含量都不超过 50 毫克 / 升。大部分酒其实都完全不添加二氧化硫，即使添加有二氧化硫，其添加量跟传统葡萄酒相比，也可以说是微乎其微了。

注：你或许留意到在这些品酒词中并未提及年份。根据传统的标准，这肯定是不合适的，但我特地没有标注年份，就是想减少人们对年份的关注。只要我们选对了一个好的酒农，他种植或使用的一定是上好的葡萄，那么就不存在什么"好年份"或者"坏年份"的问题（只是有些年份收成好些，有些年份收成差些，或者有些年份对果农容易些，有些年份则困难些）。更准确地说，不同年份的酒，的确也不尽相同——尽管它们喝起来很明显在风格上都系出同门。我反而很想从某个酒农或产区的作品中选出格外有代表性的那款酒。不管你选择哪个年份的自然酒，肯定都会是很有趣的体验。

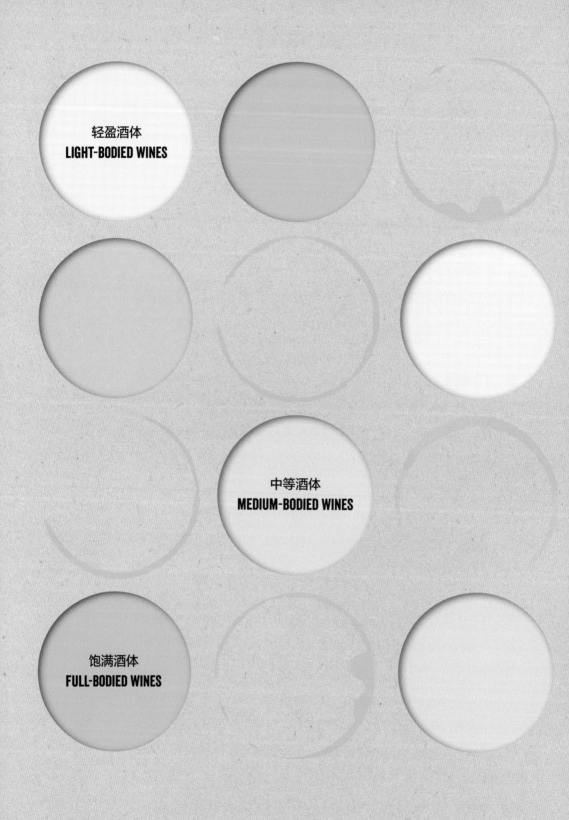

轻盈酒体
LIGHT-BODIED WINES

中等酒体
MEDIUM-BODIED WINES

饱满酒体
FULL-BODIED WINES

起泡酒
BUBBLES

如今，整个世界似乎都充斥着起泡酒令人愉悦的滋滋声，有越来越多的酒农开始尝试做自然起泡酒。让酒液产生气泡的方法有很多，譬如"自行车泵法"（Bicycle Pump Method，将二氧化碳注入酒液中使其产生气泡）或者"查玛法"（Charmat Method，酒液的泡沫是在罐子里发酵产生，而非在瓶子里发酵产生）。其中，后者如今尤其常用，例如酿制普洛赛克酒。不过，包括本书所介绍的酒在内，无论是使用传统法（the traditional method）或原始法（the ancestral method）的起泡酒，如今都是在瓶中通过二次发酵酿造而成的。

🕐 **上图**

当地酿酒新浪潮的代表作，位于意大利威尼托的 Costadilà 酒庄所出产的科丰杜起泡酒，这是一款采用瓶中发酵的方式酿造而成的普洛赛克风格的起泡酒。

传统法

这可能是最广为人知的制造气泡的方法了，我们熟悉的香槟就是用这种方法制作的，业界普遍将其誉为制作顶级起泡酒的方法。但这是无稽之谈，因为能够制造高品质起泡酒的方法可谓不胜枚举。而香槟之所以能成为香槟，主要还是因为它的营销做得比其他起泡酒强多了。

传统法的气泡是在静止的酒液中产生的（业界称之为基酒）。基酒与酵母和糖一同装瓶——而如果是传统法制成的自然起泡酒的话，则将葡萄汁与其原生酵母和天然糖一同装瓶——在瓶中发生二次发酵（由此产生二氧化碳）。根据法律规定，采用此法酿造的气泡必须经过"吐泥"的程序，即将死酵母（酵母沉淀物）排出。

在使用传统方法制成的起泡酒中，香槟应该是最知名的一种。尽管如此，**1 5 9**

我所推荐的酒单中却并没有包含任何一款香槟。原因很简单，真正符合自然酒定义的香槟在目前还并不合法。根据法律规定，香槟必须在瓶中加入酵母以产生二次发酵。但荒谬的是，在此过程中酒农不得加入新鲜的未经发酵的葡萄汁（即便是来自同一年份，同一酒庄，甚至是同一批葡萄，也不行）。"这种做法尽管在欧洲的法案里是合法的，但是在香槟这个品类上却是严令禁止的。在香槟中，允许添加的'装瓶糖浆'（即在大量的酵母中加入该液体以引发二次发酵）可以是蔗糖或是浓缩的经蒸馏的葡萄汁，但不能是未经发酵的新鲜葡萄汁。"伦敦的香槟委员会在 2013 年的秋天告诉了我如上的情况。因此，由于我挑选的酒单里只有不添加酵母和糖分的酒，也就无法包含香槟了。但我的酒单中列入了 Anselme Selosse 的作品，他也用未发酵的葡萄汁来做实验；还有包括 Frank Pascal、David Léclapart 和 Cédric Bouchard 在内的一批出色的酒农都在使用高度符合自然酒标准的方式来酿造起泡酒，其作品也都非常值得品鉴。

ⓖ 右图

过去几年来，自然起泡酒逐渐流行起来，原因不言而喻：它们可能是世界上最令人兴奋也最易饮的酒类。

原始法

原始法被认为是最古老的一种起泡酒制作方法，又被称为"乡村酿造法"。葡萄汁发酵后直接装瓶，这样一来，酵母将糖分转化为酒精时所释放出的二氧化碳就被牢牢困在瓶中。尽管这种方式十分简单，但要做到恰如其分却很讲究技巧——太晚装瓶，泡沫就不够丰富饱满；太早装瓶，整瓶酒可能会因为气体过多而爆炸。这是一门精准的艺术。酒农需要在葡萄汁发酵到特定程度时进行装瓶，才能获得恰到好处的瓶内压、酒精度和甜度。用这种方式酿出来的酒难免存在细微的瓶差，并且，由于酒液处于不同的阶段，有些酒里可能会含有残糖。然而，酒在瓶中发生的变化也是有趣之处。

许多酒都有沉淀物，有些酒可能格外多一些，因为酿造者采用的方式各不相同。大部分人会在装瓶时稍微过滤一下，或是在上市之前进行吐泥处理。

低压起泡自然酒被普遍认为极易饮（不论是产自法国、意大利或其他国家），这是自然酒界最令人兴奋的作品之一。这些酒普遍都具有较高的性价比。很多酒农都出产低压起泡自然酒，量不大，每年大概三四千瓶。这些自然起泡酒也有各种颜色：白色、粉红色、橙色和红色，每个颜色我在酒单里都推荐了几款。

轻盈酒体的起泡酒
LIGHT-BODIED BUBBLES

Quarticello, *Despina Malvasia*
艾米利亚 - 罗马涅[1]，意大利
玛尔维萨[2]（白色）

金银花 ｜ 荔枝 ｜ 贵妃梨

和 166 页提到的 Cinque Campi 酒庄一样，Roberto Maestri 的 Quarticello 也是如今席卷艾米利亚 - 罗马涅大区的蓝布鲁斯科（lambrusco，红葡萄品种）复兴潮流的一员。这款酒泡沫轻盈，花香浓郁，带有一丝杏子味，呈现出强烈而清透的香气。香味精准而干脆。

* 添加少量二氧化硫

La Garagista, *Ci Confonde*
佛蒙特，美国
布莱安娜[3]（白色）

花粉 ｜ 鲜枣 ｜ 桃子

Deirdre Heekin 和 Caleb Barber 是一对夫妻，两人原来是舞者，如今是生物动力法农民 / 餐厅老板 / 作家 / 烘焙师 / 酿酒师！他们的工作完全改变

了传统葡萄酒的"智慧"，因为他们主要用杂交的葡萄品种来酿酒：新月葡萄[4]、马格特[5]、灰芳堤娜[6]、白芳堤娜、芳堤娜、布莱安娜，还有圣克罗伊葡萄[7]。这些葡萄基本都是多种葡萄杂交的后代，包括 vinifera（意为传统的欧洲葡萄品种）还有一些果实较硬的野生葡萄以及一些更耐寒的美洲本地品种，比如河岸葡萄[8]和蓝布鲁斯科。这些葡萄最初是为了适应气候而培育的，甚少受到传统葡萄酒酒农的垂青，大部分葡萄酒从业者甚至根本没尝过它们。杂交品种的风味和质感都很特别，如果你品尝过 Deirdre 和 Caleb 的系列作品，肯定会有非常不一般的感受，因为这些酒实在是太特别了，令人耳目一新，好喝得要命。

* 不添加二氧化硫

La Grange Tiphaine, *Nouveau Nez*
蒙特路易斯（Montlouis），卢瓦尔河，法国
白诗南（白色）

榅桲 ｜ 莲雾 ｜ 黄香李

这个庄园占地 10 公顷，17 世纪末由 Alfonse Delecheneau 创立，如今由其曾孙 Damien 及其妻子 Carolie 共同打理。他们的一系列优秀作品主要采用的葡萄是长相思和品丽珠，当然也少不了蒙特路易斯地区的明星葡萄品种白诗南。我个人最喜欢的就是他家出品的一款极易让人喝醉的自然起泡酒。毫

1　艾米利亚 - 罗马涅（Emilia-Romagna），位于意大利中北部，是意大利 20 个大区之一，也是意大利的知名葡萄产区。

2　玛尔维萨（malvasia），白葡萄，产于伊比亚半岛和意大利。

3　布莱安娜（brianna），源自美国的一种杂交白葡萄品种。

4　新月葡萄（la crescent），由美国明尼苏达大学开发的一种浅色表皮的杂交白葡萄品种，于 2002 年上市。

5　马格特（marquette），由黑皮诺与其他葡萄品种杂交而成，拥有极强的抗寒与抗病能力。

6　灰芳堤娜（frontenac gris），明尼苏达大学园艺中心研发的白葡萄品种，由高糖高酸的红葡萄品种芳堤娜（frontenac）基因突变而来，原产于美国。白芳堤娜（frontenac blanc）也是芳堤娜的基因变种。

7　圣克罗伊葡萄（St. Croix），起源于美国的红葡萄品种，现在也广泛种植于加拿大地区。

8　河岸葡萄（riparia），美洲野生葡萄品种。

不夸张地说，瓶中物令人赞不绝口，是一款相当优雅的作品。

* 添加少许二氧化硫

中等酒体的起泡酒
MEDIUM-BODIED BUBBLES

Costadilà, *280 slm*

威尼托，意大利

格雷拉[1]、维蒂索[2]、白川维祖娜[3]（橙色）

碾碎的米 | 桃子 | 姜

它花香满溢，橙色的酒体冒着气泡，单宁口感顺滑。这一切要归功于葡萄表皮在酒液中长达 20—25 天的浸渍。整个过程不加以任何温控措施。装瓶后加入由同一批收获的葡萄压榨出的新鲜未发酵葡萄汁进行二次发酵（最后再加入野生酵母）。除此之外，酿造过程中不添加任何外物。

* 不添加二氧化硫

Domaine Breton, *Vouvray Pétillant Naturel Moustillant*

卢瓦尔河，法国

白诗南（白色）

蜂胶 | 肉桂 | 烤苹果

Catherine 和 Pierre Breton（La Dive Bouteille 酒展的创始人）产出了一系列出色的起泡酒（也有非起泡酒）。这是其中我个人最喜欢的一款。它有甜

美的烤苹果和肉桂香气，气泡绵密而细腻。

* 不添加二氧化硫

Les Vignes de Babass, *La Nuée Bulleuse*

卢瓦尔河，法国

白诗南（白色）

含羞草 | 蜂蜜 | 熟威廉斯梨

Sébastien Dervieux（又名 Babass）在 Les Griottes 和 Patrick Desplats 共事之后，创建了自己的酒庄。如今，Sébastien 照料着 Joseph Hacquet 的老葡萄园（详见 131 页《何人：运动的起源》）。这是一款色泽深黄的起泡酒，带有少量残糖，香气似蜂蜜，质感绵密顺滑。酒液还带有一些深色香料的味道，口味浓郁，这是许多管理得当的酒庄出产的酒水所具备的共同特征。

* 不添加二氧化硫

1　格雷拉（glera），白葡萄品种，2009 年之前被称为普洛赛克葡萄。意大利本地的白葡萄品种，主要种植在意大利东北部。
2　维蒂索（verdiso），意大利东北部特有的一种白葡萄品种。
3　白川维祖娜（bianchetta trevigiana），意大利白葡萄品种。

Gotsa, *Pat' Nat'*
格鲁吉亚
塔芙科利[1]（桃红）

野莓 | 大黄 | 可可豆

Beka Gotsadze 曾是个建筑师。他热情洋溢，一看就不是等闲之辈。经过数年的寻找，他最终选定的葡萄园址曾是格鲁吉亚历史最为悠久的葡萄产地，位于其首都第比利斯的南部，就在前往亚美尼亚的公路边上。苏联成立后，大片的葡萄园被改为牧地用来养羊，如今此地方圆好几公里内，就只有这一个葡萄园。Beka 选择在格鲁吉亚东部种植葡萄，是因为此地肥沃的土地能带来更高的产量。他用奎弗瑞陶罐法来发酵和陈年葡萄酒——这是一种被列入联合国教科文组织《人类非物质文化遗产名录》的酿酒技术，并且利用重力把酒运往他位于山顶的酒窖。这款低压起泡酒有少许单宁，色泽深粉，酿造过程中不与果皮产生接触（这在格鲁吉亚颇为罕见），风味出色。考虑到这是 Beka 第一次尝试酿造自然起泡酒，这款酒可谓是巨大的成功。要打造这样一个成功的作品，需要对细节加以坚定不移的关注。由此可见，Beka 是多么聪慧而严谨。这款酒十分值得尝试。

* 不添加二氧化硫

Vins d'Alsace Rietsch, *Crémant Extra Brut*
阿尔萨斯，法国
欧塞瓦皮诺[2]、白皮诺、灰皮诺、霞多丽（白色）

姜饼 | 熟柿子 | 香草荚

Jean Pierre Rietsch 就像许多阿尔萨斯酒农一样，酿造一系列风格丰富的作品。他腼腆而有趣，作品风味绝佳——有些添加了少许二氧化硫，有些则完全不添加。我尤其喜欢这款阿尔萨斯起泡酒（Crémant 这个词意为产自阿尔萨斯地区由古法酿造的起泡酒）。泡沫细腻而丰富，无任何添加剂或二氧化硫。在瓶中进行的二次发酵会加入酒庄 2014 年份的未发酵葡萄汁。另外，由琼瑶浆和灰皮诺进行混酿的橙酒也是值得一品的佳作——两种葡萄在酿造过程中都是带皮浸渍的，为这两种颇有些过誉的流行葡萄品种添加了风味与结构感。

* 不添加二氧化硫

饱满酒体的起泡酒
FULL-BODIED BUBBLES

Casa Caterina, *Cuvée 60, Brut Nature*
法兰柯塔，意大利
霞多丽（白色）

金冠苹果（黄香蕉苹果）| 奶油小圆面包 | 芝麻

这块约 7 公顷的庄园的主人是 Del Bono 家族，他们从 12 世纪起就扎根于此地。庄园里种着数十种不同的葡萄，出产所谓"微特酿"，每款产量极低，不过千瓶。其中，*Cuvée 60* 要在自己的酵母渣中浸泡熟成五年（或者说是六十个月，这也是该款酒名称之由来），从而产生一种复杂的面包酵母香气，同时也保持了优美、温暖而清新的柠檬香。酒水质地细腻，风味成熟，圆润开阔又不失甜美。

* 不添加二氧化硫

---

1 塔芙科利（tavkveri），原产于格鲁吉亚的红葡萄品种，也是当地最受欢迎的葡萄品种之一。
2 欧塞瓦皮诺（pinot auxerrois），法国白葡萄品种，又称欧塞瓦（auxerrois）。

Les Vignes de l'Angevin, *Fêtembulles*

卢瓦尔河，法国

白诗南（白色）

面包香 | 欧楂果 | 青梅

Jean-Pierre Robinot 是法国最早的自然酒拥趸之一。起初他是一名葡萄酒作家，之后与人联合创办了法国的一本葡萄酒杂志《红与白》。在 20 世纪 80 年代，他开了巴黎最早的自然酒吧之一。后来，他奔赴田间，决定自己种植葡萄。他的作品深沉而复杂，风味极干，富有黄油小圆面包的酵母香气，还带有一种近乎金属的矿物味。尽管完全没有甜味，却带有马鞭草的清香。

* 不添加二氧化硫

Camillo Donati, *Malvasia Secco*

艾米利亚 - 罗马涅，意大利

玛尔维萨（橙色）

大马士革玫瑰 | 荔枝 | 牛至

Camillo 的酒都奔放而热烈，这款起泡酒也不例外。它风味强劲。带皮浸渍 48 个小时给它带来了一种极其挂舌的质地，使得玛尔维萨葡萄的花香味尤其明显。我试饮这款酒时，开瓶两天后依然风味美妙。我用它来搭配再简单不过的意大利面——橄榄油、鼠尾草，加上一些酥脆的陈年帕尔玛干酪——可谓风味绝佳。

* 不添加二氧化硫

Jolly Ferriol, *Pet'Nat*

鲁西永，法国

小粒白麝香、亚历山大麝香（白色）

百合花 | 橙花 | 木髓

Isabelle Jolly 和 Jean-Luc Chossart 这对夫妻酿造了一系列无二氧化硫的自然起泡酒，这款酒便是其中之一。他们接手了法国南部阿格利（Agly）河谷的古老葡萄园，酿造这款酒的葡萄就产自园中贫瘠的泥灰岩地。Jolly Ferriol 酒庄出产的加强自然甜酒（VDN）也十分值得一试，称得上是该地区的代表作。

* 不添加二氧化硫

Capriades, *Pepin La Bulle*

都兰，卢瓦尔河，法国

霞多丽、白诗南、麦郁皮诺[1]、小美斯丽尔[2]（白色）

熟蜜瓜 | 黄油面包 | 阳桃

Pascal Potaire 和 Moses Gaddouche 可以说是自然起泡酒界的万人迷。他们坚持只用原始法酿酒，并且水平臻于完美。在大部分法国自然起泡酒酿造者的心目中，Pascal 和 Moses 都是业界翘楚。这款酒经过三年的培育[3]，是他们的一系列产品中最为严肃的一款。其风味醇厚成熟，酒体出奇的厚重而强劲。他们酿造的 *Piège à Filles*（字面意思为"女孩的陷阱"），风味更为清爽，是十分优秀的餐前酒。这两款都是非常迷人的好酒。

* 不添加二氧化硫

1　麦郁皮诺（menu pineau），原产法国的白葡萄品种，又名阿布娃（arbois）。

2　小美斯丽尔（petit meslier），起源于法国东北部的罕见葡萄品种。

3　在葡萄发酵过后到葡萄酒装瓶前的一些操作被称为"élevage"，意为培育。

Cinque Campi, *Rosso dell'Emilia IGP*

艾米利亚 – 罗马涅，意大利

蓝布鲁斯科·格拉斯帕罗萨[1]、马波吉泰[2]、马泽米诺[3]（红色）

黑醋栗 | 黑橄榄 | 紫罗兰

非常可惜，起泡红酒十分罕见，不过意大利的这个地区出产了很多不错的作品，该酒就是一款出色的代表。单宁强劲，酒体饱满，酸度清爽，呈现出蓝布鲁斯科葡萄典型的深色水果风味。整款酒风味浓郁而厚实，尤其适合用来搭配油腻的菜品。产量仅有 3000 瓶。Cinque Campi 的所有系列产品都是不含二氧化硫的。

* 不添加二氧化硫

⊖ 右图

在转瓶（riddling）的过程中，酒泥（lees，死掉的酵母细胞）会集中在起泡酒的瓶颈处，因此也更为容易通过吐泥的方式来去除沉淀物。

1　蓝布鲁斯科·格拉斯帕罗萨（lambrusco grasparossa），原产于意大利的红葡萄品种。
2　马波吉泰（malbo gentile），意大利深红葡萄品种。
3　马泽米诺（marzemino），意大利北部的红葡萄品种。

轻盈酒体
LIGHT-BODIED WINES

中等酒体
MEDIUM-BODIED WINES

饱满酒体
FULL-BODIED WINES

白酒
WHITE WINES

如果你喝惯了传统的白葡萄酒，那么自然白酒尤其会令你惊喜，因为它们通常酒体更为饱满，比传统白酒更有个性（或者说更不同寻常）。它们的风味特征多种多样，并且没有某些传统白酒那种生青的酸涩味。

酿造白酒

自然白酒的酿造通常会采用一种叫作"直接压汁法"的方式（挤压葡萄之后，将流出的果汁单独发酵，果皮或榨籽不参与发酵过程，或是仅与果汁接触数个小时）。这意味着白葡萄酒里并不会有天然产生的单宁或抗氧化物质（如白藜芦醇），这些成分通常由葡萄渣（果皮、果籽、果梗）在延长的浸渍过程中产生，本身能起到保护果汁的作用。因此，白葡萄酒在酿造过程中要比红葡萄酒或橙酒脆弱得多，也更费心力。

🕐 上图

来自法国朗格多克地区的 Julien Peyras 是一位前途无量的年轻酿酒师。我们在 205 页也提到了他的粉红葡萄酒。

自然酒的酿造者通常不会像传统酿造者一样，在酿造过程中采用二氧化硫和溶菌酶等添加剂。他们在心理上极度抗拒让酒和葡萄汁暴露在氧气中。某种意义上说，我认为酿酒师们在这一发酵过程的初始阶段，就需要充分信任大自然的力量。他们必须坚信，只要自己收获了富含微生物的健康葡萄，就没什么可担心的。即使眼前的果汁正在逐渐变成褐色，也会随着时间的推移渐渐变成白葡萄酒应有的淡色。酵母和细菌会尽忠职守地完成自己的工作，酒液终会慢慢清澈起来的。

自然白酒为何有时喝起来味道如此不同?

氧化的确会对酒液的口味和质感产生影响。正是自然白酒的这种不同，引起了传统葡萄酒界的骚动。的确，大部分关于自然酒及其味道的非议，都是由白葡萄酒引起的。譬如说，你可能也听人描述某个酒喝起来像是苹果酒，或者是感觉酒液过度氧化了，甚至还被形容说有"氧化风味"，但这其实是一种误解。某些自然白酒的确是氧化了，尝起来有苹果西打的感觉，但是你可能想不到有许多人会滥用"氧化"一词来形容某种丰富叠加的综合口感。

⏱ 上图

La Ferme des Sept Lunes 的葡萄园位于罗纳河谷，是一处混养葡萄园，葡萄藤穿梭于杏树、动物和谷物之间。他们出品一系列不错的葡萄酒，包括一款辛辣口味的圣 - 约瑟夫（Saint-Joseph，罗纳河谷子产区，北罗纳河八大特级村之一）白酒，十分值得拥有。

当你喝自然白酒的时候，尤其是完全不含二氧化硫的那种自然白酒，其质地、成熟度和味觉上的广度，都与在控温环境下通过添加酵母和无菌过滤等手段酿造的传统葡萄酒形成鲜明对比。以长相思为例，作为一种广受欢迎的白葡萄酒，它的口感鲜活，富有柑橘类水果和醋栗的香味，酸度清爽而浓郁。这些风味特征被普遍认为是这种葡萄酒的风味定义。现在，想象一下长相思这种葡萄其实还有另外一面：这种看起来松软而肤浅的葡萄，竟然也能呈现出深沉而严肃的性格。如果长相思充分成熟，并且成长于有机酒园，产量均衡，则会绽放出一种甜美的槐花蜜香味，口感圆润顺滑细腻，丰满程度绝对出乎你的意料。但是猛一尝起来，和你习惯的那种高酸度的、微涩的、令人口舌生津的白葡萄长相思相比，的的确确像是被氧化过了。为了更好地理解这一切，你可以想象一下以下两种蔬果的区别——一个是未成熟的水培冬季番茄，另一个是你在西西里岛度暑假时在本地菜市场买的番茄。你毕生都在吃水培番茄，忽然你咬了一口正常长到成熟的番茄。你可能甚至不知道该怎么形容这种味道吧？强劲的风味简直是扑面而来，与鹿特丹温室里产出的那种清淡而酸涩的味道相比，与其

说它的味道是更"氧化的",倒不如说尝起来有点像晒干
的番茄,完全击中了不同的风味带。这倒不是说自然酒就
不存在氧化的问题,绝不是这样,只是比大家所认为的要
少得多。

苹果酸—乳酸发酵(又被称为"mlf"或"malo",详
见59—65页《酒窖:发酵》)为这种复杂的味觉锦上添
花。在发酵过程中如果不添加二氧化硫,那么葡萄酒(包
括一切颜色的葡萄酒)难免都要经过乳酸发酵的过程。这
种二次发酵通常在酒精发酵之后发生,在这一过程中细
菌(好细菌,而非坏细菌)将果汁中天然含有的苹果酸转
化为乳酸。这种酸的转化从根本上改变了酒液的质感和风
味,因为乳酸比苹果酸的酸度更为柔和与宽广。并且,由
于构成苹果酸的细菌存在于天然环境中,它们在特定年份

🕐 上图

185 页有更多关于 Hardesty 的雷司令的
信息。

的出现完全取决于当年的条件。因此,2013 年 9 月,来自 Château le Puy
的 Jean-Pierre Amoreau 对我解释道:"如果阻断乳酸发酵的话,也就无从谈
论所谓葡萄酒的风土了。"

传统葡萄酒的拥趸们把乳酸发酵视为一种必须加以限制的不讨喜的特
征。为了酿造出口感清新鲜活的葡萄酒,他们想尽办法阻断乳酸发酵。他
们将葡萄酒降温,以去除那些会产生苹果酸的细菌,然后将其过滤掉,或
者在酒液中添加大量二氧化硫,从而阻断苹果酸发生作用。反对乳酸发酵
的人们辩称,消费者们最想喝的是清新鲜活的酒。比如在德国和奥地利,
阻断乳酸发酵都是常见的做法。

我个人认为,这种做法事实上阻碍了葡萄酒液的充分演化,饮酒者也
因此无法感受到酒液有可能产生的丰富风味和质感。经过乳酸发酵的葡萄
酒要比那些刻意被阻断乳酸发酵的酒更具有表现力。我认为,让苹果酸充
分参与到发酵过程中,是自然酒得以产生的基础。如果当年的葡萄发生了
乳酸发酵,那就顺其自然;如果没有,也不用苛求。

备注:下文列出的所有白酒都是干型的。

法国
FRANCE

轻盈酒体的白酒
LIGHT-BODIED WHITES

Recrue des Sens, *Love and Pif*

夜丘[1]，勃艮第

阿里高特[2]

牡蛎壳 | 白胡椒 | 梨汁

Yann Durieux 是勃艮第地区近年来最出色的年轻酿酒师之一。在 Prieuré-Roch 酒庄（这是一个类似 Domaine de la Romanée Conti 的非常传统的勃艮第自然酒酒庄）工作了十年后，他自己另起炉灶。他绝对是一个值得关注的自然酒酿造者，他的 *Love and Pif* 酿自一种被严重低估的阿里高特葡萄，喝过这款富有深度和细节的佳酿之后，你会不由得质疑其他那些所谓高贵的葡萄品种究竟有何过人之处。

* 不添加二氧化硫

Domaine Julien Meyer, *Nature*

阿尔萨斯

西万尼[3]、白皮诺

茉莉花 | 猕猴桃 | 茴香酒

尽管阿尔萨斯有许多有机和生物动力法农庄，但此地的产品依然对二氧化硫有极大的依赖，这就意味着像 Patrick Meyer 这样的酒农格外珍贵。接手酒庄后，Patrick 开始着手降低酿造过程中的酶和酵母之类添加物的用量，因为正如他所说，这种方法毫无意义。如今，他是一个出色的酒农，庄园里的土壤生机勃勃，据说在冬天还能保持温热。*Nature* 这款酒是性价比最高的一种自然白酒，风味轻盈，香气宜人，质感黏糯而纯粹。

* 不添加二氧化硫，经过过滤

Pierre Boyat, *St-Véran*

勃艮第

霞多丽

苹果 | 甜干草 | 藏红花

Pierre 是个害羞的男子，他酿造的 *St-Véran* 可谓

---

1 夜丘（Hautes Côtes de Nuit），勃艮第产区的一个子产区。
2 阿里高特（aligoté），原产于勃艮第的一种白葡萄，是皮诺（pinot）和白高维斯（gouais blanc）的杂交后代。
3 西万尼（sylvaner），一种产自奥地利的白葡萄。

极致出色，准确地反映出高级自然酒的特色。他运营这个家族酒庄已有几十年的时间，还加入了传统葡萄酒酿酒师的社群。这个日渐壮大的社群致力于用不同的方式种植葡萄和酿造葡萄酒。他受到 Philippe Jambon（一位来自博若莱北部的著名的低干预法酒农）的启发，卖掉了原本的庄园，购买了小块的佳美和霞多丽田，并以有机方式种植。他在葡萄的成长过程中尽可能少地施以干预，以充分体现风土的饱满感，从而酿造出高品质的葡萄酒。

* 不添加二氧化硫

中等酒体的白酒
MEDIUM-BODIED WHITES

Andrea Calek, *Le Blanc*
阿尔代什（Ardèche），罗纳河
维欧尼、霞多丽

花香 | 火石味 | 蜂蜡

这些年来，罗纳河谷这处优美静谧几乎要为人所遗忘的地区逐渐成了优秀的自然酒酒农和酿造者们的基地。（在此仅举几例，比如 Gilles 和 Antonin Azzoni、Gérald Oustric、Laurent Fell、Grégory Guillaume，还有 Ozil 兄弟）。来自捷克的 Andrea Calek 是偶然进入了葡萄酒这个行业，谢天谢地他做了这个选择，让我们得以享受到更多自然酒佳酿。他的酒深刻而性格鲜明，既节制又复杂。他只出产

极少量的白酒。

* 不添加二氧化硫

Julien Courtois, *Originel*
索洛涅，卢瓦尔河
麦郁皮诺、罗莫朗坦[1]

烟熏味 | 新鲜核桃 | 薄荷

Julien Courtois 是鼎鼎大名的 Claude Courtois 的后裔，他的毛利人妻子 Heidi Kuka 负责为产品设计美丽的酒标。在这片距离巴黎南部车程两个小时的约 4.5 公顷的土地上，夫妻俩共同培育了七种葡萄。朱利安的酒总是呈现出令人难以置信的纯净、内敛和矿物风味。这款 *Originel* 也不例外。

* 添加少量二氧化硫

Domaine Houillon, *Savagnin Ouillé*
普皮兰（Pupillin），汝拉
萨瓦涅[2]

新鲜核桃 | 芥末籽 | 合欢花

酒庄的主人 Pierre Overnoy 是自然酒的忠实拥趸，运营该酒庄已超过三十年。如今酒庄由皮埃尔视若己出的能人 Emmanuel Houillon 接管。这款萨瓦涅在桶中陈年八年后，于 2012 年 6 月装瓶。风味强劲，层次丰富，余味绵长。

* 不添加二氧化硫

1　罗莫朗坦（romorantin），产自卢瓦尔河东部的一种白葡萄。
2　萨瓦涅（savagnin），白葡萄品种，源于阿尔卑斯山脉。

⏱ 上图

酒水尽量平躺放置，以保持酒塞湿润。

Matassa, *Vin de Pays des Côtes Catalanes Blanc*
鲁西永
灰歌海娜、玛卡贝奥 [1]

鼠尾草 | 烤杏仁 | 薄荷醇

Tom Lubbe 在卡尔斯 [2] 开店之前，他的第一个项目——The Observatory，位于如今非常热门的南非黑地地区。这个项目不论是耕作方式还是酿造过程，在业界都是遥遥领先的。Matassa 酒庄也继承了这些优点，并且，Tom 也太幸运了，从他的 Romanissa 葡萄园的顶部往下眺望，映入眼帘的无边无垠的壮阔景色，跟非洲还真有几分相似。这款风格优雅、酒体轻盈的干白选用的葡萄来自以片岩

---

1 玛卡贝奥（macabeu），西班牙葡萄品种之一。
2 卡尔斯（Calce），位于法国最南部东比利牛斯省。

土为主的葡萄园，带有干燥香草的味道，口感微咸，还有一股令人生津的薄荷香。

* 添加少量二氧化硫

Catherine and Gilles Vergé, *L'Ecart*
勃艮第
霞多丽

烟熏味 | 金银花 | 矿物质

Vergé 夫妇可能是去年我遇到的最低调且神秘的酒农了，低调得不可思议。Catherine 和 Gilles 的作品是真正的奇迹，足以让那些坚持往酒里添加二氧化硫的最热心的批评家也心服口服。*L'Ecart* 所选的葡萄来自八十九年历史的老藤，经过五年窖藏才上市。这在该酒庄是常规操作。这里出产的酒水品质稳定，开瓶之后数周依然能保持其独有的风味。在本书的写作过程中，我决定开一瓶来测试一下它的风味究竟能持续多长时间。我在 2013 年 10 月开瓶，时不时倒上一杯来喝，倒完酒也没有特别严实地塞好瓶盖（所以氧气什么的也就都进去了）。这瓶酒就放在我那维多利亚时期轮煤槽改建的潮湿地下酒窖中。2014 年 1 月中旬，我喝完了最后一杯瓶中酒。全程历时三个月。即使最后瓶中只残留下一点福根儿，风味却依然坚挺。我被吓到了。

这款十分出色的霞多丽具有顶级佳酿的所有特征。酒体紧致，结构优良，风味极其清爽，带有一丝冰冷而清脆的金属感。香气浓郁集中并且富有层次，你能感受到甜味、新鲜黄油味、一丝咸味和烟熏味，还有令人陶醉的花香。这绝对是灵感之作，不可错过。

* 不添加二氧化硫

饱满酒体的白酒
FULL-BODIED WHITES

| **Marie & Vincent Tricot,** *Escargot*
| 奥弗涅（Auvergne）
| 霞多丽

蜜瓜｜矿物质｜蜂蜡

公元前 50 年，葡萄藤随着恺撒大帝入侵的步伐一同来到了奥弗涅地区，并在此开枝散叶，直到 20 世纪初根瘤蚜虫席卷了葡萄园。然而最近几年，奥弗涅地区的葡萄酒行业大有卷土重来的趋势，此地俨然成了自然酒的乐园。我甚至认为这里很可能是世界上自然酒制造商最集中的地方。得天独厚的风土（多为火山土）使得此地出产的自然酒格外纯净，还具有美妙的矿物风味。*Escargot* 这款酒与许多勃艮第出品相比，品质毫不逊色，但价格却只是其几分之一。还有一些酒农也很值得关注：Patrick Bouju、Jean Maupertuis、Le Picatier、François Dhumes 和 Vincent Marie。

* 不添加二氧化硫

| **Le Petit Domaine de Gimios,**
| *Muscat Sec des Roumanis*
| 圣 - 让 - 德米内瓦，朗格多克
| 麝香葡萄

干枯玫瑰花瓣｜荔枝｜百里香

Anne-Marie Lavaysse 和她的儿子 Pierre 酿出的麝香葡萄干白可以说是这一地区风味最为纯净的。选用的葡萄就长在野外成丛的石灰岩上。本地酒农一般都喜欢做加强甜酒，但 Anne-Marie 喜欢口感

偏干的酒，酿制而成的作品的确美妙绝伦，可惜产量极小。Le Petit Domaine de Gimios 的麝香葡萄干白口感浓郁，气味芬芳，富含酚类物质。（详见 53—54 页《葡萄园中的"药草"》，了解更多关于 Lavaysse 的故事。）

* 不添加二氧化硫

| **Domaine Etienne & Sébastien Riffault,**
| *Auksinis*
| 桑塞尔，卢瓦尔河
| 长相思

迷迭香｜马鞭草｜烟熏芦笋

这款桑塞尔与你此前喝过的都不尽相同，绝对称得上是最好的一款。Sébastien 的酒重新定义了长相思的风味。他可谓是这一葡萄酒领域的领军人物，打造出了市面上现有的几款令人印象最为深刻的长相思——与如今大部分桑塞尔那种标准化的清新风味大相径庭。酒水风格沉静而华丽，暗含着深深扎根于桑塞尔地区石灰岩里的矿物风骨。

* 不添加二氧化硫

Domaine Léon Barral,
Vin de Pays de l'Hérault
朗格多克
特蕾与少量维欧尼和瑚珊混酿

白桃 | 胡椒 | 柠檬皮

Didier 在法格勒斯产区（Faugères）的这块庄园是以其祖父的名字命名的。它是混种界的标杆，成就可谓显赫。庄园里种有约 30 公顷的葡萄，此外，Didier 还有 30 公顷的田地、牧地、休耕地和树林，还养了成群结队的牛、猪和马。这款年份酒质地油润，酒体厚重，香气尤其馥郁而醒目。他出品的红酒，尤其是 *Jadis* 和 *Valinière*，都具备极强的陈年能力。（详见 129—130 页《谈观察》，了解更多关于 Didier 的故事。）

* 不添加二氧化硫

Domaine Alexandre Bain, *Mademoiselle M*
普伊 - 芙美，卢瓦尔河
长相思

槐花蜜 | 少许烟熏味 | 盐

Alexandre 最近因为他的"非典型葡萄酒"而被产区除名（这一决定堪称荒谬，他本人可能是如今唯一能将自有风土和最终出品结合起来的酒农，详见 127 页），因此这款酒严格意义上不能被称为"普伊 -

芙美葡萄酒"。尽管如此，我依然选择了这款酒，因为这绝对是近来我品尝过最好的普伊 - 芙美产区作品之一。Alexandre 毫无疑问是这个著名产区的一个异类：不仅因为他严格采用有机的农耕方式，用马匹耕地，还因为他拒绝往酒里添加酵母和二氧化硫。他的酒绝对是当今普伊 - 芙美产区最出色最令人兴奋的作品。这款 *Mademoiselle M*（M 女士）甜美诱人，却只是他系列长相思佳酿的冰山一角。他所有的出品都非常值得追寻。

* 不添加二氧化硫

Le Casot des Mailloles, *Le Blanc*
班努斯（Banyuls），鲁西永
白歌海娜、灰歌海娜

杏花 | 卤水 | 蜂蜜

Le Casot 由知名自然酒生产商 Alain Castex 和 Ghislaine Magnier 共同创立，如今由 Alain 的年轻学徒 Jordi Perez 独自管理。Le Casot 在一个车库里（位于靠近西班牙边境的班努斯）手工酿造出了一系列无二氧化硫的葡萄酒，采用的葡萄生长在地中海到比利牛斯山沿途的梯田上。这款白酒是一款令人震撼的好酒，不仅风味复杂美妙，还会随着时间增加而变得更为沉稳克制。

* 不添加二氧化硫

意大利
ITALY

轻盈酒体的白酒
LIGHT-BODIED WHITES

Cascina degli Ulivi,
Semplicemente Bellotti Bianco
皮埃蒙特
柯蒂斯[1]

青梅 | 茴芹籽 | 柑橘类水果

热情的皮埃蒙特人 Stefano Bellotti（这位老哥因为在自家葡萄园里种桃树而惹上了官司，详见 127 页）致力于用这种简单而美味的柯蒂斯葡萄酿造美酒。他的作品均不添加二氧化硫，酒体轻盈，气味芬芳且易饮。

* 不添加二氧化硫，经过过滤

Valli Unite, *Ciapè*
皮埃蒙特
柯蒂斯

杏仁 | 茴香 | 蜜瓜

Valli Unite 是位于皮埃蒙特的一个颇有意思的山顶社团。1981 年，三个意气风发的年轻农民一起创立了这个有机合作社，旨在延缓农田荒漠化的趋势。这个小小的社团并不以营利为目的，成员们得以在这块土地上延续他们独特的生活方式。越来越多志同道合的人加入了这个社团，也带来了各自丰富的

耕作技巧。渐渐地，这个社团成了 35 名成员的家。他们共同照看约 100 公顷的农田和森林，种植谷物、葡萄和蔬菜，养鸡、养猪、养蜂，还开了一家餐馆和一所民宿以接待游客。葡萄酒是社团的主要收入来源。他们酿酒的种类丰富，包括这款 *Ciapè*，还有几款由本地特产提莫拉索（timorasso，皮埃蒙特一种较罕见的葡萄品种）酿造的酒。

* 不添加二氧化硫

1　柯蒂斯（cortese），起源于意大利的白葡萄品种。

中等酒体的白酒
MEDIUM-BODIED WHITES

Daniele Piccinin, *Bianco dei Muni*

威尼托

霞多丽、达莱洛

金冠苹果 | 火石 | 金银花

Daniele、Camilla 和他们刚刚出生的女儿 Lavinia 共同居住在艾彭（Alpone）山谷。山谷位于维罗纳的西北部。Daniele 在这里精心栽培着本地的达莱洛葡萄。他自行蒸馏药草，用其混合物来增强葡萄藤的抵抗力（详见 84—86 页《谈精油与酊剂》）。这款酒可能是他的 *Bianco dei Muni* 系列作品中最温和且诱人的一款。

* 添加少量二氧化硫

Nino Barraco, *Vignammare*

玛萨拉 [1]

格雷罗 [2]

海草 | 金橘 | 碘

玛萨拉地区主要因加强酒而闻名。但 Nino 却不走寻常路，主要酿造静止的未经增强的葡萄酒。这款 *Vignammare* 的葡萄生长在沙丘上，酿造的初衷是打造一种"杯中海洋"的感觉。尽管酒中没有添加二氧化硫，但 Nino 的其他作品中一般都会添加 20—35 毫克 / 升的二氧化硫。另一款值得品尝的特

酿是 *Alto Grado 2009*——这是很古典的玛萨拉作品，由晚收的格雷罗葡萄酿成，在一个巨大的栗木桶中和酵母一起经过六年的陈年。

* 不添加二氧化硫

Il Cavallino, *Bianco Granselva*

威尼托

卡尔卡耐卡 [3]、长相思

柠檬草 | 苦杏仁 | 辣椒

Sauro Maule 经营的 Il Cavallino 位于贝里奇（Berici）山丘上，最初是个牧牛农场。牧场靠近维琴察（Vicenza），得名于 Sauro 父亲的爱马。这款酒充满了柠檬草的芬芳，暗含着烟熏、辣椒和苦杏仁的味道。

备注：该酒大约需要一天的醒酒时间。

* 添加少量二氧化硫

La Biancara, *Pico*

甘贝拉拉（Gambellara），威尼托

卡尔卡耐卡

太妃糖 | 苦杏仁 | 布里尼绿橄榄

意大利自然酒巨匠 Angiolino Maule（详见 66—69 页《谈面包》）及其家族酿造的酒都属于中等价位，但品质令人称奇，被认为是性价比之王。Maule 的淡金色皮克葡萄（pico）生长在火山土上，香气绵长，有一丝烟熏味和绿橄榄的味道。

* 不添加二氧化硫

1　玛萨拉（Marsala），位于西西里岛。

2　格雷罗（grillo），西西里岛的经典葡萄品种。

3　卡尔卡耐卡（garganega），意大利威尼托产区的白葡萄品种。

Le Coste, *Bianco*

拉齐奥（Lazio）

混酿，主要是普罗卡尼可[1]，还有芳香玛尔维萨[2]、玛尔维萨普提纳塔、维蒙蒂诺、格列哥安提戈、安索尼卡[3]、维德洛、罗切托

柠檬丨坚果丨矿物（火山土）

2004年，Gian-Marco Antonuzi 在距离罗马150公里的维泰博省（Viterbo）买下了面积3公顷的一块废弃山坡。此地位于托斯卡纳边界，被称为 Le Coste。如今，Le Coste 的种植范围已经扩大了许多，包括橄榄树、果树、四十年以上的老葡萄藤（租来的），还有一些古早的梯田，Gian-Marco 和他的妻子 Clementine Bouveron 打算用来饲养动物。Le Coste 的 *Bianco* 是一款以普罗卡尼可葡萄为主（85%）的混酿，在酒窖中发酵约一年后，要再等一年方可装瓶。

* 不添加二氧化硫

Lammidia, *Anfora Bianco*

阿布鲁佐[4]

特雷比奥罗

盐丨白胡椒丨杏仁

Davide 和 Marco 的酒正如他们在瓶身上所说："100% 只有葡萄。"这两位年轻的阿布鲁佐冒险家是从三岁就认识的发小，长大后又全情投入葡萄酒事业中。他们的酒庄名字在当地话中意为"邪恶之眼"。他们解释说："当地睿智的老妇人们用一种由水、油与魔法制成的古老法术驱走了嫉妒和邪恶之眼。我们第一次丰收后，发酵忽然停止了，于是我们就向 Antonia 奶奶求助，请她来帮忙作法。之后，发酵就奇迹般恢复正常了。现在每次丰收之前我们都会请她来帮我们驱赶邪恶之眼。"他们的 *Anfora Bianco* 要带皮浸泡24小时，然后在土罐中待上一年时间。

* 不添加二氧化硫

---

1 普罗卡尼可（procanico），意大利重要的白葡萄品种，特雷比奥罗葡萄的变种。
2 芳香玛尔维萨（malvasia di candia）是艾米利亚 - 罗马涅大区独有的葡萄品种，风味与口感接近麝香葡萄，但具有更丰富的层次。
3 安索尼卡（ansonica），西西里岛的白葡萄品种，又名 inzolia。
4 阿布鲁佐（Abruzzo），位于意大利中部的产区。

欧洲其他地区
REST OF EUROPE

轻盈酒体的白酒
LIGHT-BODIED WHITES

Francuska Vinarija, *Istina*

蒂莫克（Timok），塞尔维亚

雷司令

月桂叶 | 白梨 | 少许酸橙

土壤学家 Cyrille Bongiraud 说过："法国所有最好的风土都已经被刨个精光了。"（他曾为法国各地以及意大利、西班牙和美国的共计约 200 处不同的葡萄种植地区提供过咨询服务，包括像 Comtes Lafon[1] 和 Zind-Humbrecht[2] 这样知名的酒庄。）因此，他和酒农妻子 Estelle（她的姨婆曾是勃艮第博讷济贫院[3] 的院长！）花了多年时间在欧洲的其他地方找寻理想的土地。这对勃艮第夫妻在塞尔维亚的多瑙河畔找到了白垩土山谷。这款带有一股独特汽油味的 *Istina*，风格沉静，有矿物感，是典型的雷司令，却又带有自然酒独有的圆润。

备注：这款酒的风味在开瓶数天之后才能发挥到最佳。

* 添加少量二氧化硫

Stefan Vetter, *Sylvaner, CK*

弗兰肯[4]，德国

西万尼

西芹段 | 卡菲尔酸橙 | 奶油

2010 年，巴伐利亚北部一座六十年历史的葡萄园吸引了 Stefan 的注意，用他自己的话说"简直就是一见钟情"。Stefan 的葡萄园面积有 1.5 公顷，主要种植当地传统葡萄品种西万尼（还有少许雷司令），出产的酒类似这款 *Sylvaner, CK*，刚开瓶时十分收敛，但随着时间的推移，逐渐展现出令人惊叹的精致和细腻的香气。

* 添加少量二氧化硫

中等酒体的白酒
MEDIUM-BODIED WHITES

The Collective presents... *Oszkár Maurer, Szerémi Mézes Fehér*

赛雷米（Szerémi），塞尔维亚

梅泽斯费赫

杏仁 | 青柠 | 香梨

为了启发酒农，并且帮助他们走上自然酒的道路，我和一群匈牙利朋友一起创立了 The Collective，与那些在耕种上别出心裁，并且采用自然酵母发酵

1　Comtes Lafon 始于 1865 年，地处默尔索（Meursault），是法国勃艮第顶级的白酒生产者之一。
2　Zind-Humbrecht 始于 1620 年，是法国阿尔萨斯地区最知名的酒庄之一。
3　博讷济贫院（Hospices de Beaune），位于法国勃艮第产区的博讷（Beaune），是该产区内著名的酒庄之一。
4　弗兰肯（Franken），位于德国巴伐利亚州西北部。

的酒农们合作推出了一系列限量的低干预特酿。这些酒农什么都好，就是在二氧化硫的用量上有点手抖。我在中欧和东欧游历了许多地区，发现大部分酒农不愿意接触不添加二氧化硫的酿酒技术，这并非因为他们不喜欢此法酿造的酒，而是因为他们担心消费者不能理解这样的作品。于是我们决定伸出援手。The Collective 从合作酒农们那里采购了大量的葡萄，并请他们帮我们酿酒，但不能添加二氧化硫。因为我们已经订了整桶酒，所以他们不用担心酒卖不掉。这就意味着他们不需要在不添加 / 低添加二氧化硫的道路上独自摸索。如今我们非常自豪地拥有了三名优秀的酿酒师：来自塞尔维亚的 Oszkár，还有来自匈牙利托卡依（Tokaj）的 Judit 和 József Bodó。后者与我们合作打造了史上第一款干型托卡依自然酒！我们尤为自豪的是与 Oszkár 合作的这支精巧绵长的 *Mézes Fehér*（又称"蜂蜜白"），由一种濒临绝种的匈牙利葡萄酿成。Oszkár 的葡萄园是世界上硕果仅存的栽种该葡萄的地方，他承诺会将该品种传承下去（我们也很乐意帮忙）。此外，我们的 *Kadarka 1880* 也值得一试，也是 Oszkár 的作品，其使用的葡萄[1]来自世界上留存的该种类葡萄最古老的植株。

* 添加少量二氧化硫

Gut Oggau, *Theodora*
布尔根兰[2]，奥地利
绿维特利纳[3]、威尔士雷司令

释迦凤梨 | 白胡椒 | 豆蔻

2007 年，Stephanie 和 Eduard Tscheppe-

Eselböck 接手了在奥地利奥高（Oggau）地区的一处酿酒历史悠久的老酒庄——事实上，这个葡萄园有几处墙壁的历史甚至能追溯到 17 世纪。Stephanie 和 Eduard 的天赋绝不止于打造佳酿，他们还擅长打造葡萄酒的多代家族。其中的每一款特酿都被赋予与其特性相吻合的独有面孔和背景故事。Theodora 这款酒一开始是大家族里最小的一个孩子，但这款平和易饮的酒随着年份的递进会逐渐呈现出更为成熟的风貌。

* 不添加二氧化硫

Mendall, *Abeurador*
特拉阿尔塔（Terra Alta），西班牙
马家婆白葡萄

黄香李 | 八角 | 芥末籽

Laureano Serres 的 Mendall 酒庄位于西班牙塔拉戈纳省（Tarragona）。Laureano 堪称西班牙的国宝酿酒师，因为在西班牙生产不添加二氧化硫的葡萄酒的从业者可谓少之又少。他原本是 IT 从业者，后来在职业上大转型，转投户外，一开始在本地负责管理一家酿酒厂（却因试图帮助会员转型自然酒而被解雇），此后他自立门户开了自己的酒庄。说来要感谢老天如此安排，Laureano 的某些作品可称得上是整个西班牙不添加二氧化硫的葡萄酒中的巅峰之作——正如他所说，葡萄酒应该是"植物之水，否则就是菜汤了"。

* 不添加二氧化硫

1　卡达卡（kadarka），匈牙利的红葡萄品种。
2　布尔根兰（Burgenland），奥地利最东部的州。
3　绿维特利纳（gruner veltliner），起源于匈牙利的一个白葡萄品种。

2Naturkinder, *Fledermaus*
弗兰肯，德国
穆勒 - 图高[1]、西万尼

甜豌豆丨泥土味丨碎米

Melanie 和 Michael 在伦敦发现了自然酒这个好东西之后，便辞去工作，加入了 Michael 父母位于德国的酒庄。他们在那儿种了不少弗兰肯产区的传统葡萄（西万尼、巴克斯[2]、穆勒 - 图高，还有黑雷司令[3]）。酿造 *Fledermaus*（蝙蝠）这款酒的葡萄园里有一个小屋，是由这对夫妇捐建用来保护蝙蝠物种的。一种共生关系应运而生：他们在葡萄园里四处挂着蝙蝠箱，方便这些毛茸茸的朋友歇脚；作为回报，蝙蝠给他们提供了粪便——这可是一种很棒的肥料。这些酒的销售利润有一部分会捐给联邦鸟类保护局（Landesbund für Vogelschutz）用于保护蝙蝠。这对夫妇解释说，他们的酒标意思是："灰色长耳蝙蝠在我们这个地区已经十分罕见。它们真的特别可爱，我们很想帮它们留下来。"

* 不添加二氧化硫

饱满酒体的白酒
FULL-BODIED WHITES

Weingut Sepp Muster, *Sgaminegg*
南施泰尔马克，奥地利
长相思、霞多丽

青梅丨藏红花丨新鲜核桃

这家酒庄可以追溯到 1727 年，此前由 Sepp 的父母照看。当 Sepp 及其妻子 Maria 在外游历多年终于还乡后，酒庄便传给了他俩。这对夫妇思想开放，作风前卫，无论是在耕作还是酿酒方面都相当先进。Maria 有两位兄弟 Ewald 和 Andreas Tscheppe（详见下页），他俩就住在附近，也是自然酒从业者。这兄妹三人可算是奥地利南部的自然酒至尊三人组。Muster 的酒以地块分类，*Sgaminegg*（完全呈现出岩地风土的特点）是他们家系列作品中最具矿物风味的酒，优雅而沉稳。

* 不添加二氧化硫

Roland Tauss, *Honig*
南施泰尔马克，奥地利
长相思

番石榴丨百香果丨新鲜香菜

Roland 的自然哲学体现在他人生中的方方面面，连他与妻子共同经营的民宿所提供的早餐，都会奉上新鲜的葡萄汁，以及从邻居那儿买来的有机蜂蜜。Roland 的酒窖里一切"非自然"的东西都被摒弃了——包括水泥、不锈钢酒桶以及类似的东西。在 2013 年 12 月时，Roland 跟我解释说，植物的生长耗时漫长，植物做成的酒桶会把聚集的能量传递给葡萄酒液。而他认为不锈钢或是其他冷金属材质制成的桶吸收酒液里的能量。我品尝这款酒的时候，它刚从桶中取出，未添加二氧化硫（Roland 也不打算在装瓶时添加二氧化硫）。当时酒液还浸泡在酵母渣中，香气迷人，呈现出类似琼瑶浆般的异国水果

1　穆勒 - 图高（müller- thurgau），原产于德国的白葡萄品种，1882 年由瑞士人穆勒培育出来，并以其名字命名。
2　巴克斯（bacchus），源自德国的方向性杂交白葡萄，是西万尼、雷司令和穆勒 - 图高的杂交后代品种。
3　黑雷司令（schwarzriesling），属于皮诺家族的红葡萄。

⏱ 上图

12 月的奥地利，位于南施泰尔马克的 Werlitsch 酒庄。

风味。你几乎可以听见这款纯净美妙的酒轻轻哼唱的旋律。

* 不添加二氧化硫

Weingut Werlitsch, *Ex-Vero II*
南施泰尔马克，奥地利
长相思、霞多丽（当地又将奥地利施泰尔马克产区的霞多丽称为莫瑞兰）

以色列柿子｜打火石｜嫩核桃

Maria Muster（详见前页）的兄弟之一 Ewald Tscheppe 对土壤构成以及其中的微生物格外有兴趣。我们在他的葡萄园中溜达，他试图教会我如何通过触摸土壤和现场观察作物的根茎结构来了解土壤。挖起一些土来，我们就会清楚地看见哪些地方

的土壤格外丰饶，而哪些地方的土壤差强人意。即便是相邻的地块，也可能存在这样的区别。我们发现土壤存在温度（土壤中的微生物会对温度起调控作用，使其保持冬暖夏凉）、色泽（如果土壤中微生物丰富，土壤的色泽就更深）和质地（健康的土壤比僵死结块的土壤更蓬松，后者的手感类似水泥）方面的明显区别。（详见 19—25 页《葡萄园：鲜活的土壤》，了解关于土壤的更多知识。）这款酒诞生于奥地利美丽的南施泰尔马克地区，带有打火石的香气，结合了平衡的橡木香辛味，以及刚剥皮的新鲜核桃香气。酸度明朗，风味集中，口感富有张力，建议再放置数年以便达到赏味巅峰。虽然我品尝这款酒时尚未装瓶，但 Ewald 向我保证这款酒装瓶时绝不会添加任何二氧化硫。

* 不添加二氧化硫

Rudolf & Rita Trossen, *Schiefergold Riesling Pur'us*

莫塞尔，德国

雷司令

姜|烟熏矿物质|栗子蜜

德国的国内葡萄酒市场一向相对保守。而自 1978 年就坚持有机耕种的 Trossen 显然是一直与主流市场背道而驰的。因此，他们绝大部分的产品都销往国外。Trossen 主要在灰色和蓝色的板岩上种植雷司令。2010 年，他们推出了第一款自然酒（不添加也不去除任何物质）。后来他们发现这款酒和其他添加了二氧化硫的酒的风味发展完全不同，展现出深藏不露的深度和风味。从那时候起，他们就再也没有往酒里添加过二氧化硫，*Pur'us* 系列也应运而生。这个系列所有的产品都非常出色，但 *Schiefergold Riesling*（酿造的葡萄来自生长在峭壁上的百年原生老藤）尤其出彩——酒水的集中度、复杂度和风味保持程度都达到了超凡的水平。

* 不添加二氧化硫

Terroir al Limit, *Terra de Cuques*

普里奥拉托（Priorat），西班牙

佩德罗·希梅内斯[1]、麝香葡萄

熟楤梿|鸢尾花|金合欢花

Dominik Huber 的作品可算是西班牙最优秀的葡萄酒之一。最初他连一句西班牙语都不会说，也丝毫没有酿酒知识，愣是花了十年时间获得了如今的傲人成就。他用驴子耕地，比其他普里奥拉托产区的酒农都更早采摘，将不同葡萄园中采摘的葡萄分别置于巨大的橡木桶中，采用整串发酵的方式进行酿造（"我们不想萃取——只想浸泡"）。由此酿成的酒风味精巧，具有一种在当代普里奥拉托产区极不寻常的金属感。*Terra de Cuques* 的麝香葡萄，经过十二天的浸皮，为酒液增添了宽广的风味以及甜美的丰富口感。

* 添加少量二氧化硫

1　佩德罗·希梅内斯（pedro ximénez），西班牙赫雷斯（Jerez）地区常用于酿造雪利酒的著名白葡萄品种，主要种植在西班牙南部。

新世界
NEW WORLD

轻盈酒体的白酒
LIGHT-BODIED WHITES

Dirty and Rowdy, *Skin and Concrete Egg Fermented Semillon*

纳帕河谷，加利福尼亚，美国

赛美隆

青柠花苞 | 绿色百香果 | 泥煤

Dirty and Rowdy 是由 Dirty（Hardy 与 Kate）和 Rowdy（Matt 与 Amy）这两个家族组成的，用他们自己的话说，这个组合是为了"创造出我们自己想喝的酒……就是那种有膝盖、有手肘，还有开阔的胸襟的酒"。就像其他许多新浪潮美国自然酒从业者一样，他们本身不种葡萄，主要是用采购回来的葡萄酿酒。这款 *Skin and Concrete Egg Fermented Semillon* 采用了两种发酵方法——一是在蛋形水泥槽中发酵；二是人工踩皮，然后在开放式塑料发酵桶中进行浸皮发酵。这两种方式酿造的酒液直到装瓶时才调配在一起。

* 添加少量二氧化硫

Hardesty, *Riesling*

柳溪（Willow Creek），加利福尼亚，美国

雷司令

青柠 | 葡萄柚 | 干鼠尾草

Chad Hardesty 生于加利福尼亚州，对土地的热爱引领他一路北上工作，并且开始经营起自己的有机

蔬果农场，为当地餐厅和农贸市场供货。之后，在加利福尼亚州的酿酒先锋 Tony Coturri 的指导下，他进入了酿酒行业，并于 2008 年推出了自己的第一款用于商业发售的年份酒。Chad 是一名非常年轻的酒农兼酿酒师，他以精准的技艺酿造出具有矿物香气的酒款，风格内敛紧致，白酒和红酒都具备同样优秀的特质。他的 2010 年雷司令更为清新凛冽。我个人还非常喜欢喝他的 *Blanc du Nord*。这的确是一位值得关注的酿酒新秀。

* 不添加二氧化硫

⏱ 上图

美国手指湖的 Bloomer Creek 酒庄所酿造的不同年份的晚收和隔夜压榨的雷司令和琼瑶浆，在混合之前被排成一排。

中等酒体的白酒
MEDIUM-BODIED WHITES

矿物质味道和极强的复杂度所产生的对比。

* 不添加二氧化硫

Bloomer Creek, *Barrow Vineyard*
手指湖[1]**，美国**
雷司令

Sato Wines, *Riesling*
中奥塔哥[2]**，新西兰**
雷司令

野桃 | 柑橘 | 杏干

对于 Kim Engle 和他的妻子 Debra Bermingham 来说，酒是一种能够浓缩经验和记忆的艺术表现形式。他们的葡萄园历时三十年才建成。这里采用细致的人工耕种，酒窖里以慢速发酵——酒液内的苹果酸 - 乳酸发酵通常要在收成结束后再花上一个夏天才能够完成。考虑到附近区域的气候凉爽，我在第一次品尝这款雷司令时，原本期待的口感要更为单薄冷峻一些。但令我惊讶的是，它的风味非常柔软而包容（这要归功于手指湖地区温暖的微气候）。我尤其喜欢它温柔到近乎乳状的质地，与其凛冽的

金银花 | 油桃 | 多香果

银行家佐藤嘉晃在四十五岁那年和妻子恭子一起放弃了城市里的工作，投身到酿酒行业里，最终在新西兰中奥塔哥开起了自己的小店。为了磨炼技能，他们在南北半球都工作过一些年头，在法国阿尔萨斯备受尊崇的自然酒名家 Jean-Pierre Frick 麾下也工作过。佐藤酒庄的酒都品质精良。他们的黑皮诺也很值得留意。

* 添加少量二氧化硫

---

1 手指湖（Finger Lakes），位于美国纽约州西北部的一个多湖泊地区。
2 中奥塔哥（Central Otago），位于新西兰南岛的南端，是全球最靠南的葡萄酒产区。

Si Vintners, *White SI*
玛格丽特河[1]，澳大利亚
赛美隆、霞多丽

青杜果｜烤苹果｜姜

Sarah Morris 与 Iwo Jakimowicz 两个人姓名的首字母合起来就是 SI。他们曾在西班牙萨拉戈萨省（Zaragoza）的一家公司共事过几年。在 2010 年他们决定回澳大利亚，在玛格丽特河畔买了一块约 12 公顷的地（其中有 8 公顷都是葡萄园）。由于舍不得彻底离开西班牙，他们与朋友一起成立了一个西班牙品牌，至此开始了澳大利亚和西班牙两边跑的生活。这款酒的发酵容器包括蛋形水泥槽、大橡木桶和不锈钢桶，产量约在 1440 瓶。（请务必留意 Paco&Co 这个牌子，他们的卡拉塔尤德[2]产区酒款是由八十年以上老藤的歌海娜葡萄酿制而成。）

* 添加少量二氧化硫

La Clarine, *Jambalaia Blanc*
塞拉丘陵[3]，加利福尼亚，美国
维欧尼、玛珊、阿尔巴利诺[4]、小满胜[5]

杏｜熟蜜瓜｜干草

Hank Beckmeyer 受到了福冈正信（详见 34 页）著作的启发，开始质疑耕种的基础，想探索一下如果放弃对耕种的控制（甚至不施以有机的控制方式），将耕者的身份从积极的参与者转变为照顾者，会有什么样的结果。"要放下那些已经习惯并且'已知'的方法，下定决心……去完全信任大自然的力量，看起来可能是胆大之举……然而，"Hank 在自己的网站上解释道，要办到这一切，真正需要的是"对这件事的全情投入……并且接受失败的可能"。

如今，他那约 4 公顷的农场上种着葡萄，养着山羊，同时生活在一起的还有不计其数的狗、猫、蜜蜂、家禽、鸟类、金花鼠，各类鲜花与药草。这款酒口感丰富而饱满，却又不失清新，具有罗纳河谷出品的典型特征（他的大部分酒款都如此）。Hank 的红酒也十分值得品尝，尤其是一款苏木园（Sumu Kaw）西拉，酿造它的西拉葡萄生长在海拔 900 米的葡萄园中。

* 添加少量二氧化硫

Populis, *Populis White*
北加利福尼亚，美国
霞多丽、鸽笼白[6]

青梅｜柑橘｜梨

美国有许多年轻的低干预风格的酿酒师会采购葡萄来酿酒。这可能有点混乱，因为这些葡萄有些是用传统方法栽培的，竟然也能用来酿有机葡萄酒吗？但对 Populis 来说就不存在这样的问题。他们也采购葡萄，但只从北加利福尼亚采购老藤的有机葡萄。因为意识到当地根本没有什么定价合理的好葡萄酒可供选择，Diego Roig、Sam Baron 和 Shaunt Oungoulian 为他们的家庭、朋友而盟友而共同创立了 Populis。这款 *Populis White* 是为人而酿的酒，风味纯净美好，而且价格亲民。该酒的酿造过

1　玛格丽特河（Margaret River），澳大利亚西部的葡萄产区之一。
2　卡拉塔尤德（Calatayud），位于萨拉戈萨省西部，是西班牙阿拉贡地区内最大的法定产区。
3　塞拉丘陵（Sierra Foothills），美国最大的法定葡萄种植区（AVA）之一。
4　阿尔巴利诺（albariño），西班牙顶级的白葡萄品种之一，果实小甜度高，与雷司令的特性非常接近。
5　小满胜（petit manseng），是法国西南部的顶尖白葡萄品种。
6　鸽笼白（colombard），法国白葡萄品种，常用于混酿。

程中不使用添加剂，也不进行干预，成品就是美妙的发酵葡萄汁本身。

* 添加少量二氧化硫

饱满酒体的白酒
FULL-BODIED WHITES

AmByth Estate, *Priscus*
帕索罗布尔斯，加利福尼亚，美国
白歌海娜、瑚珊、玛珊、维欧尼

白桃 | 甘草棒 | 甜豌豆

威尔士人 Phillip Hart 及其来自加州的妻子 Mary Morwood Hart 在帕索罗布尔斯产区经营着一处旱地农场（详见 36—38 页《旱耕法》）——如果你知道加州的水源匮乏，并且在 2013 年仅有区区 12.7 毫米的降雨量，就知道这并非易事（简直是令人肃然起敬）！他们也坚持不在酒中添加二氧化硫（这在加州又是另一件罕见的壮举）。他们的 *Priscus*，在拉丁语中意为"古老而令人尊敬"，是一款十分养生的药草酒，就像酒庄的其他出品一样美味绝伦。

* 不添加二氧化硫

Dominio Vicari, *Malvasia da Cândia e Petit Manseng*
圣卡塔琳娜 [1]，巴西
芳香玛尔维萨、小满胜

酸橙皮 | 百香果 | 芦笋

2008 年，陶艺家 Lizete Vicari 和她的儿子 José Augusto Fasolo 共同在车库里创建了这个酒庄，如今它已是巴西手工酒的膜拜酒庄。巴西的自然酒从业者规模虽小，但发展迅速。Dominio Vicari 酒庄就是其中的一员。他们用的是自己的家人在南里奥格兰德州（Rio Grande do Sul）南蒙蒂贝鲁（Monte Belo do Sul）所培育的葡萄。热爱低干预酿酒法的 Lizete 用巴西俯拾皆是的意大利雷司令 [2] 酿出了优质橙酒。如今，她和儿子一起酿造各种品类的葡萄酒，包括梅洛、赤霞珠、长相思、格莱切多 [3]、丽波拉 [4]，等等。所有的酒都采用自然方法酿造，不进行温控、澄清和过滤。

* 不添加二氧化硫

Scholium Project, *The Sylphs*
加利福尼亚，美国
霞多丽

青杜果 | 咸味 | 甜橡木

Abe Schoener 以希腊语中意为"评论"或"解读"的词"Sholium"——英文中的"学校"（school）和"学问"（scholarship）也由该词演化而来——来命名自己的酒庄，寓意"一个谦逊的、以学习和理解为目标的项目"。酒庄推出了一系列兼具奔放和深沉性格的酒款，都由他租种的葡萄酿制而成。这款 *The Sylphs*（空气精灵）风味浓郁，质地厚重，充满橡木香气，但又兼具平衡的果香。我仅品尝过他为数不多的作品，其中还有一款最爱，是经

---

1 圣卡塔琳娜（Santa Catarina），巴西南部的一个州。
2 意大利雷司令（riesling italico），白葡萄品种，又称威尔士雷司令。
3 格莱切多（grechetto），原产于希腊的白葡萄品种，目前广泛种植于意大利。
4 丽波拉（ribolla），又称 ribolla gialla，源自斯洛文尼亚的白葡萄品种，意大利和希腊也有种植。

过浸皮处理的长相思：*Prince in his Caves*（穴中王子）。

* 不添加二氧化硫

| **Caleb Leisure Wines,** *Chiasmus*
| 塞拉丘陵，加利福尼亚，美国
| 玛珊、瑚珊、维欧尼

大麦丨杏丨铃兰

可爱的加州小伙儿 Caleb 刚刚才开始他的酿酒生涯（如今因为受到婚姻的影响，染上了些许英国人的气质）。这是他推出的第一款年份酒，包括 35 箱（维欧尼、玛珊、瑚珊的混酿干白起泡酒）和一个酒桶（就是本书所推荐的白酒），十分丰富美味。

我非常高兴能在本书的第二版中收录 Caleb 的作品，因为这是一个在生活中真实发生的循环。Caleb 正是因为读到了本书的第一版，才登门拜访了 Tony Coturri，声称："我是因为在这本书里看到了您，才来拜访您的。"他此前从未从事过与酒相关的工作，与 Tony 成了朋友后，便开始为他工作，如今也在 Tony 的酒窖里拥有了自己的小小产品。希望这个暖心的故事还能激发出葡萄酒世界里更多可爱的相遇。

* 不添加二氧化硫

| **Coturri Winery,** *Chardonnay*
| 格列本尼科夫葡萄园（Grebennikoff
| Vineyards），索诺玛，美国
| 霞多丽

酸橙丨少许烤榛子丨蜂蜜

加利福尼亚州人 Tony Coturri（详见 147—149 页《谈苹果和葡萄》）是美国自然酒界的一名元老，如今也该是他获得肯定的时候了。

Tony 曾是一名嬉皮士，20 世纪 60 年代开始在索诺玛经营农场，至今已经推出了许多美味、有机且不添加二氧化硫的年份酒。Tony 一直离群索居，觉得自己内心深处是个农民，别人总把他当个疯子。"我们这附近的酒农都不会自称农民，而是自称农场主。这是个很大的不同。在他们的认知里，农民是个贬义词——穿着工装，靠着养鸡种田维生。所以他们都说自己是农场主。事实完全被扭曲了。他们甚至认为葡萄种植和栽培根本不属于农活儿。"Tony 说道。他酒庄产出的酒都出类拔萃，他推出的酒体饱满的葡萄酒富有本地风土的淳朴特点，其深度和品质令人印象深刻。这款如蜜汁般甘醇的霞多丽，产量仅有 80 箱。

* 不添加二氧化硫

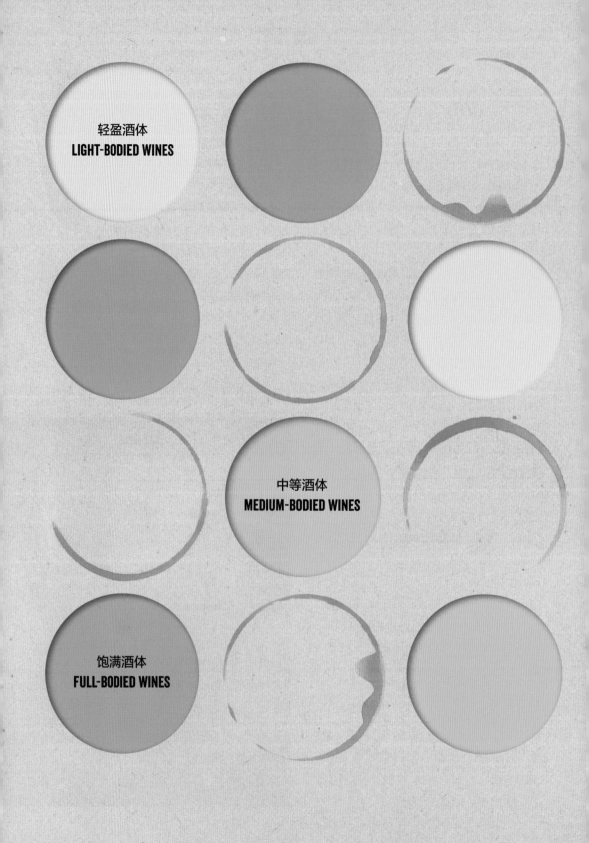

轻盈酒体
LIGHT-BODIED WINES

中等酒体
MEDIUM-BODIED WINES

饱满酒体
FULL-BODIED WINES

橙酒

ORANGE WINES

你是否有些疑惑，在文艺复兴时期的美术作品中，人们手中那杯白葡萄酒的酒液颜色看起来似乎不如今天的白葡萄酒来得纯净，甚至泛着橙色？这并不是什么光影的技巧，也不是颜料褪色所致，而是因为米开朗琪罗时期的人们或许正是在饮用橙酒。

如今，大部分白葡萄酒的制作过程通常都是挤压葡萄，分离果汁与果渣，将果皮、果梗与果籽去掉之后，才获得纯净的葡萄酒液。如果我们不进行分离，而是将果汁与果皮、果籽，可能还有果梗，一起浸泡和发酵，那么获得的酒液就是橙色——也有可能是介于黄色与法奇那（Orangina）汽水或芬达，甚至是铁锈红之间的任何一种颜色。浸泡的时间短至数天，长至其充分发酵，有时可以泡上数周（比如 199 页意大利的 Radikon），有些甚至可以泡上数年（比如 199 页南非的 Testalonga）。

⏱ 上图

将白葡萄浸渍在酒液中能萃取出香气、结构、颜色，这些特质定义了橙酒。

橙酒看似新潮，其实历史悠久。当白葡萄酒刚刚兴起时，其酿造方式与红酒是高度相似的，都使用整颗葡萄，而不是使用自流汁。后者的工艺当然更为烦琐复杂，毕竟自流汁被氧化的概率是更高的。正如宾夕法尼亚大学的 Patrick McGovern 所说："我们曾出土过一只公元前 3150 年的埃及罐子，瓶中有类似黄色的残留物，还有果籽与果皮，看来有可能是浸渍的痕迹。"与之相似，浸渍工艺酿造出的白葡萄酒也可能呈现"黄色"，正如老普林尼所写："葡萄酒有四种颜色……白色，黄色，红色和黑色。"

橙酒的产地

尽管橙酒近年来已崭露头角，但整体说来仍属罕见。在意大利的西西里，西班牙，以及瑞士都有一些出色的橙酒。但要说到橙酒最主要的产区，毫无疑问要数斯洛文尼亚及与其相邻的意大利的科利奥。你能在这里找到世界上最强劲的橙酒。位于高加索的格鲁吉亚则可能是世界上橙酒产量最大的地区，因为格鲁吉亚人都在家酿制橙酒。

如今，橙酒逐渐流行起来，跟风者也越来越多。严格说来，并不是所有被称为"橙酒"的酒都是真正的橙酒。橙酒有自己独特的风味。欧洲最早的橙酒从业者 Saša Radikon 指出，酿造橙酒的酒液"必须被浸渍在天然酵母中，并且不能进行控温。在这样的条件下，即使仅带皮浸渍五天，酒液也会呈现出彻底的橙色；而如果进行控温——即使温度仅限定在 20 摄氏度——就算泡上整整一个月，酒液也不会变橙，因为温度过低，无法萃取出果皮中的色泽"。

橙酒的风味

橙酒可能是你品尝过的最不同寻常的葡萄酒。尽管这种酒的风味偶尔也颇具争议，但顶级橙酒依然丰满而复杂，呈现出风味与质地的创新结合。最令人好奇的是它们单宁的强度。在带皮浸渍的过程中，单宁（和其他抗氧化物）被萃取出来，让酒液富有红酒般的质感。如果是盲品或是在深色杯中饮用，则很难判断出杯中酒究竟属于哪一类。

以橙酒配餐，尤其能展现其迷人的特质。单宁被软化，甚至消失不见，酒液独特的风味特征更加凸显。橙酒配餐的选择很广，但尤其适合搭配风味厚重的料理，比如熟成的硬奶酪、重口味的炖菜或者以核桃为基础的菜式。橙酒在大酒杯中的表现似乎更佳，因为足够的空气能够帮助酒液的风味充分绽放出来。饮用时最好视之为红酒而非白酒，且饮用温度不宜过低。

关于橙酒，最主要的一个批评意见就是它们的味道十分雷同。将酒液与"果渣"同时浸渍，确实会给酒液的风味特征、颜色和酒体质感带来影响，但事实上，橙酒依然能表达出风土的特征（不论是埃特纳的火山土，还是黑地的风化花岗岩）和葡萄品种的特点（不论是纤细的丽波拉葡萄，还是肥美辛辣的灰皮诺）。总之，橙酒是风格各异的。

你或许不知道，"橙酒"一词最初是在 2004 年由英国的葡萄酒贸易专家 David Harvey 提出的。"当时还没有关于这种酒的行业标准，连酒农也不知道该如何称呼它，"David 解释说，"既然我们用颜色来命名其他的酒，那么这种酒当然也应该以其颜色来命名为橙酒。"

⊙ 下图

橙酒有多种色调，从黄色到鲜橙色，甚至还有深琥珀色。

轻盈酒体的橙酒
LIGHT-BODIED ORANGES

| Escoda-Sanahuja, *Els Bassots*
| 康卡巴巴拉[1]，西班牙
| 白诗南

烟熏甘草 | 干椰梓 | 胡卢巴

这款西班牙白诗南所用的葡萄有点古怪，它生长在西班牙东北部的石灰岩上，风味与传统西班牙白诗南全然不同。Joan-Ramón Escoda 将其带皮浸渍八天。成品风味极干，风格清爽，带有一丝单宁感。年产量仅 4500 瓶。

* 不添加二氧化硫

| Sextant, *Skin Contact*
| 勃艮第，法国
| 阿里高特

蜂巢 | 油柑叶 | 火龙果

Julien Altaber 是一位很有前途的酿酒师，曾与勃艮第的传奇酿酒师 Dominique Derain[2] 共事。以他为代表的新一代酿酒师勇于在经典传统葡萄酒占据主流的地区进行不同的尝试。阿里高特这种葡萄通常被视为二流货色，用它酿成的葡萄酒以平淡而酸涩著称。唯一的作用大概就是在制作基尔酒[3] 的时候用来跟黑醋栗酒搭配。但 Julien 的酒证明，良好的耕作能改变葡萄的特性。换句话说，只要葡萄栽培

得当，并且采用自然方法酿制，任何葡萄都能呈现出优秀的特性。Julien 的这款带皮浸渍葡萄酒经历了十二天带皮浸渍（一半葡萄整串浸渍，另一半去掉果梗），呈现出柔和的纯净度和扑面而来的果香。像他所有的作品一样，这款酒也十分优雅迷人。

* 添加少量二氧化硫

中等酒体的橙酒
MEDIUM-BODIED ORANGES

| Denavolo, *Dinavolino*
| 艾米利亚 - 罗马涅，意大利
| 芳香玛尔维萨、玛珊、奥图戈[4] 以及其他葡萄混酿

新鲜茴香 | 橘皮 | 香菜籽

Denavolo 酒庄是 La Stoppa 酒庄酿酒师 Giulio Armani 的自有产业，产地约 3 公顷。这款 *Dinavolino* 经过两周的带皮浸渍，可以说是饮用橙酒的上佳入门之选。丰沛的果味足以平衡单宁，而风格又十分轻盈。初闻起来略显封闭，但渐渐会展示出香气充盈的口感。

* 不添加二氧化硫

| Colombaia, *Bianco Toscana*
| 托斯卡纳，意大利
| 特雷比奥罗、玛尔维萨

1　康卡巴巴拉（Conca di Barbera），位于西班牙加泰罗尼亚塔拉戈纳省的一个县城。

2　Dominique Derain，勃艮第自然酒先驱，1955 年生于博讷济贫院，曾为制桶师，1988 年起在博讷南部的圣欧班（Saint-Aubin）酿酒，2016 年 12 月退休。

3　基尔酒（Kir），一种法国鸡尾酒，由白葡萄酒和黑醋栗酒混合而成，常用作开胃酒。

4　奥图戈（ortrugo），意大利中部偏北的白葡萄品种，常与玛尔维萨葡萄混酿。

榛子 | 咸太妃糖 | 梨

Dante Lomazzi 及其妻子 Helena 的葡萄园占地 4 公顷，以黏土和石灰岩质土壤为主。夫妻俩亲自耕作这块园地，用他们自己的话说，"把这儿当花园一样照料"。这款风格华丽的微咸混酿由于经过带皮浸渍，拥有极浓厚的质地，单宁口感犀利。他们家的限量版起泡白酒和粉红酒 *Colombaia Ancestrale* 也很值得一试。

* 添加少量二氧化硫

Mlečnik, *Ana*
韦帕瓦谷[1]，斯洛文尼亚
霞多丽、托凯[2]

新鲜烟叶 | 藏红花 | 桃子

Walter Mlečnik 酿造的橙酒美妙绝伦。酒在上市之前至少经过四到五年熟成，复杂度和成熟度都相当高。这款 *Ana* 呈现出橙酒罕见的内敛风格，风味优雅，带有一丝辛香。

* 添加少量二氧化硫

Cornelissen, *Munjebel Bianco 7*
西西里，意大利
卡利坎特、格列哥尼戈、"狐尾"

金橘 | 青杧果 | 新鲜青柠汁

Frank Cornelissen 从比利时来到西西里，身份可谓多变：阿尔卑斯登山者、赛车手、葡萄酒进口商，而如今在意大利埃特纳火山的熔岩土壤上干起了精品自然酒酒农的活儿。这款 *Munjebel Bianco 7* 由西西里本地葡萄品种酿成，风格狂野不羁，有点像实验爵士乐。

* 不添加二氧化硫

Ökologisches Weingut Schmitt, *Orpheus*
莱茵黑森（Rheinessen），德国
白皮诺

白桃 | 金银花 | 牛蒡

这个占地约 15 公顷的葡萄园由 Daniel 和 Bianca Schmitt 夫妇共同照料，是德国仅有的通过德米特认证的 75 个酒庄之一。他们的产品中有一半都使用带皮浸渍，不经过滤，且在装瓶时不添加任何二氧化硫（这在德国十分罕见，当地绝大部分酿酒商，即使是有机酒农和生物动力酒农，在酿酒时也非常依赖二氧化硫）。这款 *Orpheus*（俄耳甫斯）经过两个月带皮浸渍，然后在奎弗瑞陶罐中熟成一年。

* 不添加二氧化硫

Elisabetta Foradori, *Nosiola*
特伦蒂诺（Trentino），意大利
诺西奥拉[3]

金合欢花 | 夏威夷果 | 卤水

迷人的 Elisabetta 用西班牙迪那哈陶罐（tinaja）酿酒，她就把陶罐放在地上。葡萄去梗，带皮浸渍六到七个月，然后将酒液转移到金合欢木的老酒桶中放置三个月左右。产出的酒液格外别致芬芳（带

1　韦帕瓦谷（Vipavska Dolina），位于斯洛文尼亚西部的一个产区。
2　托凯（tocai），一种较为罕见的白葡萄品种，主要在意大利弗留利地区（Friuli）种植。
3　诺西奥拉（nosiola），据说是原产自特伦蒂诺的葡萄品种中唯一现存的白葡萄品种。

⏱ 上图

Lorenzo Corino 是一个多才多艺的人。他为 La Maliosa 农场提供耕作和酿造的咨询，同时也管理着自己的葡萄园和酒窖——位于意大利皮埃蒙特的 Case Corini（详见 221 页）。

有一丝花香），单宁温和，还有淡淡咸味。这款酒美妙到几乎不像一款橙酒。

* 添加少量二氧化硫

Fattoria La Maliosa, *Bianco*
托斯卡纳，意大利
普罗卡尼可、小格雷克、安索尼卡

咖喱叶 | 椴树蜜 | 柠檬皮

Antonella Manuli 这个占地约 165 公顷的农场位于

马雷玛山（Maremma Hills），是一个可持续发展农业保护区。这里有广袤的耕地，古老的葡萄品种以及一些树龄高达七十年的橄榄树和森林。农场的产品丰富多彩，包括自然酒、初榨橄榄油，还有甜美的蜂蜜。农场在耕种上遵循"Corino 法则"[1]，这是由知名农学家 Lorenzo Corino 所设立的一套耕作规则。Lorenzo 曾在 Antonella 的酒庄[2] 帮忙。La Maliosa 农场很荣幸被认证为有机农场且适合素食主义者。农场甚至会跟踪记录自己的碳排放量，以确保对环境的保护。

* 不添加二氧化硫

饱满酒体的橙酒
FULL-BODIED ORANGES

Pheasant's Tears, *Mtsvane*
卡赫季[3]，格鲁吉亚
穆茨瓦涅

洋甘菊 | 柚子 | 杏仁

格鲁吉亚有句俗语："只有臻于完美的葡萄酒才能让雉落下喜悦的泪水。"而 Pheasant's Tears（雉之泪）显然办到了。他们用本地原产葡萄（格鲁吉亚拥有上百种本地原产葡萄）酿造出了一系列高品质的传统格鲁吉亚葡萄酒。他们采用古老的酿造方式，将葡萄带皮浸渍在巨大的陶罐中，然后埋在地下长达六个月。这款 *Mtsvane* 充满馥郁的花香，精巧的单宁，极好地代表了 Pheasant's Tears 的出品水

1　"Corino 法则"（Metodo Corino）包括从葡萄园种植到酒窖酿造的一系列措施，旨在保护和尊重环境，以酿造出更为优质的自然酒。

2　Antonella 协助自己的父亲管理 Contrade di Taurasi-Cantine Lonardo 酒庄，还曾与 Lorenzo 合作撰写并出版一系列葡萄酒书籍。

3　卡赫季（Kakheti），格鲁吉亚最大的产区，位于该国最东部。

位于格鲁吉亚东部的 Pheasant's Tears 所使用的奎弗瑞陶罐。陶罐内部涂上了蜂蜡，正准备埋进土里。格鲁吉亚常用这种大陶罐来进行葡萄酒的发酵和熟成。葡萄酒是格鲁吉亚人民生活的一部分——这里也被普遍认为是葡萄酒的发源地，酿酒历史长达八千年。

平，也象征着格鲁吉亚自然酒的卓越风采。

* 添加少量二氧化硫

Laurent Bannwarth, *Pinot Gris Qvevri*
阿尔萨斯，法国
灰皮诺

杏干 | 甜罗望子 | 甘草棒

以 Stéphane Bannwarth 的才华，理应受到更多
关注。他酿造的酒款不拘一格，风格多变，品质出
众（不妨试试他的疯狂之作——琼瑶浆起泡酒 *Pep's
de Qvevri*，喝起来像给大人喝的那种杧果汽水）。
他的作品一直都不怎么受葡萄酒业界关注。直到最
近状况才有了改变。Stéphane 的灰皮诺由整串葡

萄在奎弗瑞陶罐中浸渍八个月酿造而成。风格优美，
酒液呈深金色，是一款柔和的佳酿。单宁的结构带
来清新和干爽的口感，入口后却又有一丝回甘。

* 不添加二氧化硫

Čotar, *Vitoska*
克拉斯（Kras），斯洛文尼亚
维托斯卡 [1]

甜椴梓 | 甘草 | 香茅茶

父子组合 Branko 和 Vasja Čotar 的酒庄位于意大
利的里雅斯特 [2] 以北，距离海边只有 5 公里。他们在
这儿酿造出风格优雅而清晰的酒款。他们的 *Vitoska*
尽管口感干爽，但瓶中的沉淀物却带有芬芳的甜味。

---

1 维托斯卡（vitoska），一种意大利和斯洛文尼亚的酿酒葡萄。
2 的里雅斯特（Trieste），意大利东北部边境的港口城市。

我在喝之前喜欢一摇酒瓶，以使其充分展现出丰富的质感。

* 添加少量二氧化硫

| Cantina Giardino, *Gaia*
| 坎帕尼亚[1]，意大利
| 菲亚诺[2]

熏干草 | 柑橘 | 百香果

由于带皮浸渍的时间仅有四天，在这么短的时间内几乎无法萃取出果皮里的单宁，因此这款酒事实上处在橙酒和白酒的分界点。但即便是这一点点时间，果皮也已经在酒的质地和香味里留下了明显的印记（比如单宁感的确加重了）。*Gaia* 酿自老藤菲亚诺葡萄，生长在坎帕尼亚高山上的伊皮尼亚[3]。Giardino 的酒活力十足，始终呈现出清新宜人的勃勃生机。

* 不添加二氧化硫

| Serragghia, *Zibibbo*
| 潘泰莱里亚岛（Pantelleria），意大利
| 泽比波

依兰 | 百香果 | 海盐

Gabrio Bini 在靠近非洲的这块火山岛上，酿出了好些独树一帜的酒款。他用马犁地，将种出的泽比波葡萄置于户外的一个旧双耳陶罐中，再埋入地下发酵。Gabrio 还种有一些刺山柑，其风味足以改写你对这种水果的认知。这款橙酒色泽明亮而柔和，香气浓郁，浓烈的异国风味融合着强劲的海风，宛如

在瓶中爆炸开来。

* 不添加二氧化硫

| Testalonga, *El Bandito*
| 黑地，南非
| 白诗南

新鲜稻草 | 杏子 | 苹果皮干

Craig Hawkins 是一名风格大胆的南非酿酒师，他在黑地产区为 Lammershoek 酿酒，同时也有自己的小项目 Testalonga。这款风格鲜明的酒由旱作耕种的白诗南酿成，葡萄带皮放入橡木桶经过两年熟成。*El Bandito* 这款酒美味易饮，并且出乎意料竟十分多汁。它带有诱人而温暖的辛香料味，酸度清新，是一款令人喝了就停不下来的好酒。

* 不添加二氧化硫

| Radikon, *Ribolla Gialla*
| 弗留利，欧斯拉维亚（Oslavje），意大利
| 丽波拉

柑橘果酱 | 八角 | 杏仁

Radikon 的 *Ribolla Gialla*（黄丽波拉）是市面上最令人兴奋的橙酒之一。它倒入杯中后一个小时就会呈现出巨大的变化，宛如一场逐渐展开的风味旅行。葡萄经过长达数周的带皮浸渍，在大橡木桶中陈年三年以上，呈现出高度的复杂性和深沉的风味，既冷峻又大胆，宛如一个隐忍的人。

* 不添加二氧化硫

1　坎帕尼亚（Campania），位于意大利南部，孕育了许多意大利本地葡萄品种。
2　菲亚诺（fiano），原产于意大利的白葡萄品种，有两千多年历史。
3　伊皮尼亚（Irpinia）位于意大利南部坎帕尼亚大区的阿维利诺省（Avellino）。

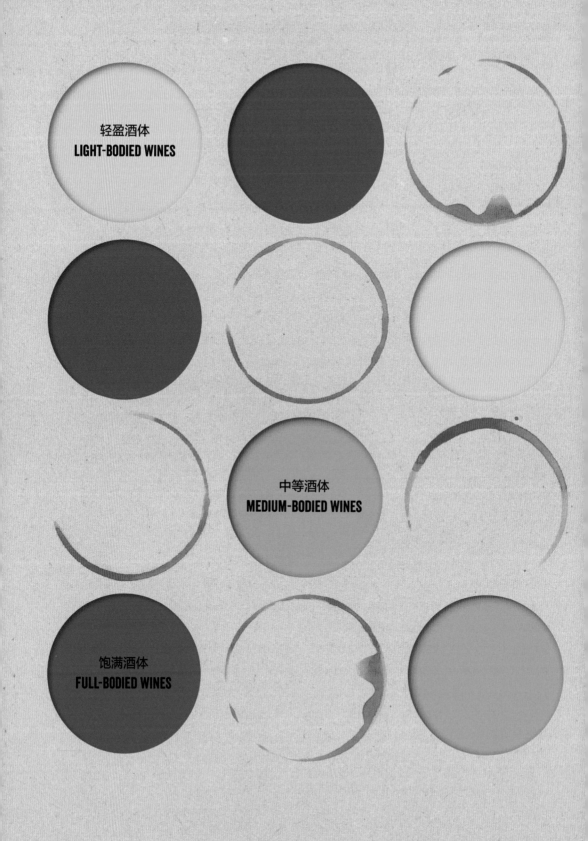

轻盈酒体
LIGHT-BODIED WINES

中等酒体
MEDIUM-BODIED WINES

饱满酒体
FULL-BODIED WINES

粉红酒

PINK WINES

粉红酒基本上是由红色果皮的葡萄酿成——有时连果肉也是红色——这些色泽滤入酒液，造就了它的粉色。一般也将其称为 rosé、blush 或是 vin gris（灰色葡萄酒）。与果皮的接触会造就深浅不同的粉红色（或是淡紫色），从洋葱皮粉，到鲑鱼粉、铜粉色、亮粉色，甚至是深紫红色。事实上，色泽最深的粉红酒看起来与红酒几乎没有区别。

粉红酒色泽的深浅由一系列因素决定，包括带皮浸渍的时间长短，葡萄品种的色素强度等。不同的葡萄品种会给酒的色泽和结构带来或多或少的影响。比如说，如果用类似黑皮诺这种薄皮葡萄品种，就很难酿出酒体饱满的深色粉红酒，而用类似赤霞珠这种花青素丰富的厚皮葡萄则很容易办到。同理，如果用深黑色果皮和有色果肉的染色葡萄品种，比如塞北紫[1]或晚红蜜[2]，就很难酿出色泽清淡的粉红酒。

粉红酒的色泽和结构也会受到酿酒方法的影响，从酒农的角度来说就有以下因素：

○ 将红葡萄和白葡萄进行混酿。大部分粉红香槟都采用此种方法酿成。事实上，在法国，根据原产地命名控制规定（AOC 法规），只有香槟地区才能使用该方法酿造粉红酒。

○ 用深色葡萄带皮浸渍。

○ 采用"放血法"（Saignée Method）。在红酒发酵的初期，先释放出一小部分染色的酒液，这样既能获得粉红酒，又能获得更为浓郁的红酒。

○ 也可以采取较为低端的（传统）酿酒法，使用添加剂或者其他类似活性炭的介质，去除红酒中的色素。

---

1 塞北紫（alicante bouschet），原产于法国的红葡萄品种，也是为数不多的几个染色葡萄品种之一。
2 晚红蜜（saperavi），起源于格鲁吉亚西南部的一个古老的经典红葡萄品种。

🕐 上图

Le Pelut 酒庄位于法国朗格多克。它的主人 Pierre Rousse 酿造了一系列不添加二氧化硫的葡萄酒，包括一款名为 Fioriture 的黑皮诺粉红酒。

用不同方法酿成的酒势必品质各异。尤其某些时候粉红酒并不是酿酒师一开始就规划好的作品。的确，大部分从业者都会更专注在白酒和红酒上，为之用上最好的果实，之后才将剩余的果子用于酿造粉红酒。因此，粉红酒常常只是红酒的副产品。如此酿造出的粉红酒口感寡淡，风格模糊，沦为红酒和白酒之间的四不像。

一款优秀粉红酒的最重要的成因，是酿造的初心。最好的粉红酒毫无疑问都是由专为粉红酒而生的葡萄酿造而成的。

近年来，粉红酒的受欢迎程度暴涨，那些量产的葡萄酒品牌也在货架上摆满了枯燥无趣的像糖果般的半干型粉红酒，让顾客中的有识之士对这整个品类兴趣全无，实在令人扼腕。如果你也是一名有要求的顾客，接下来的这张酒单将刷新你对粉红酒的看法。它们都是过硬的（干型）美酒，其中有一款，我甚至严肃考虑过，如果自己流落荒岛的话，要带上它同往……

🕐 上图

这是公牛 Cali。在 Mǎmǎruţǎ（位
于朗格多克的另一个酒庄）有 12 头高
原牛在葡萄园里过冬，Cali 就是其中
之一。它们使园内的土壤变得更加肥
沃。该酒庄的 *Un Grain de Folie* 十
分优秀，装瓶时添加了少量二氧化硫。

轻盈酒体的粉红酒
LIGHT-BODIED PINKS

Mas Nicot
朗格多克，法国
歌海娜、西拉

野莓 | 覆盆子 | 少许可可

Frédéric Porro 和 Stéphanie Ponson 这对夫妻档酿造出了不少性价比极高的自然酒。这款歌海娜和西拉的混酿粉红酒拥有温柔的红色水果香气，通过一丝香辛料和单宁传达出少许深沉而严肃的风格。他们的 *Mas des Agrunelles* 和 *La Marele* 也很值得尝试。

* 添加少量二氧化硫

Domaine Fond Cyprès, *Premier Jus Rosé*
朗格多克，法国
佳丽酿、歌海娜

姜 | 大黄 | 粉红佳人苹果 [1]

2004 年，Fond Cyprès 的两位主人 Laetitia Ourliac 和 Rodolphe Gianesini 在拜访了勃艮第知名酿酒师 Frédéric Cossard 后，决定酿造自然酒。他们解释说："我们这些年一直努力给我们的葡萄园找到定位：去了解每个地块，去尝试不同的酿酒方法，去品尝我们远亲近邻们酿造的作品。有了这些努力，才有今天的我们。"这种对工作的热爱让他们酿出了一系列十分真诚且富有个性的作品——比如这款

佳丽酿和歌海娜的混酿就非常宜人易饮。他们的 *Le Blanc des Garennes* 也很值得尝试，酿造此酒的白歌海娜、瑚珊和维欧尼葡萄是混种在同一块田地上的。

* 不添加二氧化硫

中等酒体的粉红酒
MEDIUM-BODIED PINKS

Franco Terpin, *Quinto Quarto,*
Pinot Grigio delle Venezie IGT
弗留利，意大利
灰皮诺

血橙 | 茴香 | 野生覆盆子

虽然 Franco 那些浓郁而严肃的橙酒更为知名，但他所酿制的充满辛香味的灰皮诺也相当适饮。酒体微微带有气泡，一丝茴芹籽的味道沁人心脾，使风味更为平衡。这是一款令人愉悦的酒，风格活泼，充满活力，多汁而清新，表现力极强。

* 添加少量二氧化硫

Mas Zenitude, *Roze*
朗格多克，法国
歌海娜、神索、佳丽酿

红李子 | 月桂叶 | 香草

瑞典律师兼酿酒师 Erik Gabrielson 打造的这款酒相当严肃。与上面推荐的 Franco 的作品相比，这

1　粉红佳人苹果（Pink Lady）是 1973 年植物育种学家 John Cripps 在澳大利亚杂交培育出的苹果品种，生长期较长，色泽红润。

款酒在活力上略逊一筹，更为克制、深邃：更圆润，香辛味更重、更浓郁。酒款口感绵滑，带有干燥药草的味道，更有一种如焦糖般乃至接近香草的甜味，令人联想起干邑。

* 不添加二氧化硫

| **Gut Oggau, *Winifred***
| 布尔根兰，奥地利
| 蓝弗朗克[1]、茨维格[2]

蓝莓 | 红樱桃 | 肉桂

Stephanie 和 Eduard Tscheppe-Eselböck 在奥地利东部的布尔根兰州酿造出一系列出色的酒款。这款严肃的粉红酒就是一款柔和、成熟，且内敛的佳作。红色和紫色葡萄带来深色香辛料气味和宜人的浓郁口感（部分也归功于酒里的少许单宁）。风味清爽干脆，十分适合配餐。

* 不添加二氧化硫

| **Domaine Ligas, *Pata Trava Gris***
| 佩拉[3]，希腊
| 黑喜诺[4]

血橙 | 松木 | 林地草莓

毫无疑问，令人敬畏的 Ligas 家族是希腊最重要的（商业）自然酒酒农和酿造者。Ligas 葡萄园在希腊

北部，位于古希腊亚历山大三世时期马其顿王国的土地上。这里致力于可持续耕种，并努力复兴古老的希腊本土葡萄品种。事实上，他们已经用本地葡萄酿造出了一系列作品，其中某些产量极低——甚至不超过一桶。这款黑喜诺充满泥土的芬芳，酒体饱满，如果你闭上眼睛轻啜一口，几乎能听见微微的蝉鸣声。这是如假包换的地中海风味。

* 添加少量二氧化硫

| **Julien Peyras, *Rose Bohème***
| 朗格多克，法国
| 歌海娜、慕尔伟德[5]

西瓜 | 橙花 | 覆盆子

如果 Domaine Fontedicto 的 Bernard Bellahsen（详见 121—123 页《谈马》）是你的导师，那么你肯

⊙ 下图

Anne-Marie Lavaysse 和儿子 Pierre 在地势陡峭的法国圣-让-德米内瓦酿造出完全不添加二氧化硫的葡萄酒。

---

1 蓝弗朗克（blaufränkisch），一种较为稀有的奥地利红葡萄，带有成熟的黑樱桃和莓类的香味以及烟熏风味。
2 茨维格（zweigelt），奥地利种植面积最广的红葡萄。
3 佩拉（Pella），希腊北部城市。
4 黑喜诺（xinomavro），希腊语中意为"酸度很高的深色葡萄"，是希腊北部最重要的葡萄品种之一。
5 慕尔伟德（mourvèdre），原产于西班牙的红葡萄品种，主要种植在西班牙中东部和法国南部等地区。

定不会出错。Julien Peyras 就这么幸运，师从了这位自然酒界的支柱人物之一，并且学习成效匪浅。Julien 的葡萄酒活力十足，令人垂涎。这款酒由七十年老藤的歌海娜（生长在玄武岩上）和树龄十年以上的慕尔伟德（生长在黏土上）酿成，被称为放血粉红酒。这说明在果实带皮浸渍很短一段时间后（该酒是浸渍了 24 个小时），先释放出部分未经发酵的葡萄汁，这样酿出的粉红酒色泽深沉，风味浓郁。

* 不添加二氧化硫

饱满酒体的粉红酒
FULL-BODIED PINKS

Strohmeier, *Trauben, Liebe und Zeit Rosewein*
西施泰尔马克，奥地利
蓝威德巴赫[1]

甘草 | 越橘 | 玫瑰花瓣

Franz Strohmeier 是一位作风大胆的天才酿酒师。他所在的地区以西舍尔酒（schilcher）闻名，这种酸涩的粉红酒通常在酿造过程中会阻断乳酸发酵，在我看来，味道可以说是乏善可陈。但 Franz 却不走寻常路。他的粉红酒呈现出铜粉的色泽，散发出令人印象深刻的浓郁甘草香气，而野蓝莓和玫瑰花瓣的芬芳则混合出一种带有泥土气息的中调香味。口感清新干爽，虽然颇有年份，却呈现出令人惊叹的活力感。

* 不添加二氧化硫

Les Vins du Cabanon, *Canta Mañana*
鲁西永，法国
白歌海娜、灰歌海娜、佳丽酿、慕尔伟德、麝香葡萄

玫瑰花瓣 | 草莓 | 罂粟

Alain Castex 是自然酒的坚定拥护者。在创造出令人惊艳的 Le Casot des Mailloles（详见 176 页）后，Alain 卖掉了班努斯山的葡萄园，只留下了特鲁伊特（Trouillas）的，其出品就包括我之前提过的去荒岛时也想带上的佳作：*Canta Mañana*。酿造用的葡萄生长在比利牛斯山脚下靠近海岸的地方，属于红白葡萄的田间混酿[2]，是我喝过最为令人印象深刻的粉红酒。如果你认为粉红酒缺乏个性，只适合随便喝喝，那么这款酒可能会让你改变想法。它有极强的表现力，充满馥郁的葡萄香气，口感圆润而饱满，而风味十分尖锐。

* 不添加二氧化硫

Domaine Lucci, *Gris de Florette*
阿德莱德山（Adelaide Hills），澳大利亚
灰皮诺

荔枝 | 多香果 | 青柠皮

性格务实的 Anton von Klopper 曾是一位主厨，他于 2002 年在阿德莱德山买下这块 6.5 公顷的樱桃园之后，便与妻子 Sally 及女儿 Lucy 一起将其改造成了复合式农场和葡萄园。如今，他已经是澳大利亚葡萄酒界以风土为重的新浪潮酿酒师之一。这款灰

---

1 蓝威德巴赫（blauer wildbacher），奥地利古老的传统红葡萄品种。
2 田间混酿（field blend），指在同一个葡萄园中共同种植的不同品种葡萄一同采收和发酵酿制。

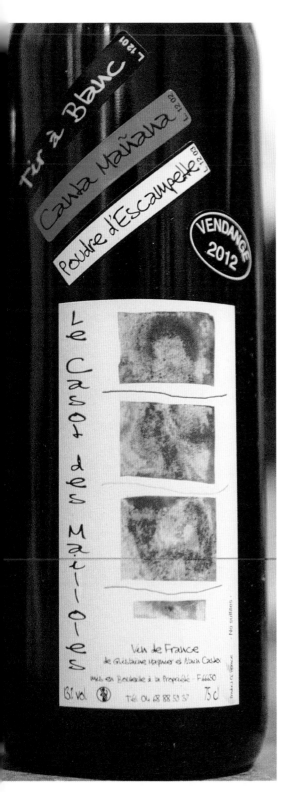

皮诺酒正如 Anton 打造的许多佳酿一样狂野不羁，也与他本人的风格一拍即合！

* 不添加二氧化硫

Domaine de L'Anglore, *Tavel Vintage*
罗纳河，法国
歌海娜、神索、佳丽酿、克莱雷[1]

橘子 | 肉桂 | 姜饼

Eric Pfifferling 是从养蜂人转行酿酒师的，说到粉红酒，就不得不提到他。他酿造的粉红酒都品质出众，尤以出色的陈年能力著称。其中，*Tavel Vintage* 虽然喝起来轻松惬意，但酒体和力道都可称霸同类酒款。浓郁、绵长、带有些微气泡，可谓是一款极致的粉红酒。

* 添加少量二氧化硫

⊟ 左图

Alain Castex 卖掉 Le Casot des Mailloles 时，留下了酿造 *Canta Mañana* 使用的葡萄藤。现在这款酒装瓶后贴标为 Les Vins du Cabanon。

~~~~~~~~~~~

1　克莱雷（clairette），法国米蒂（Midi）地区最古老的葡萄品种之一。

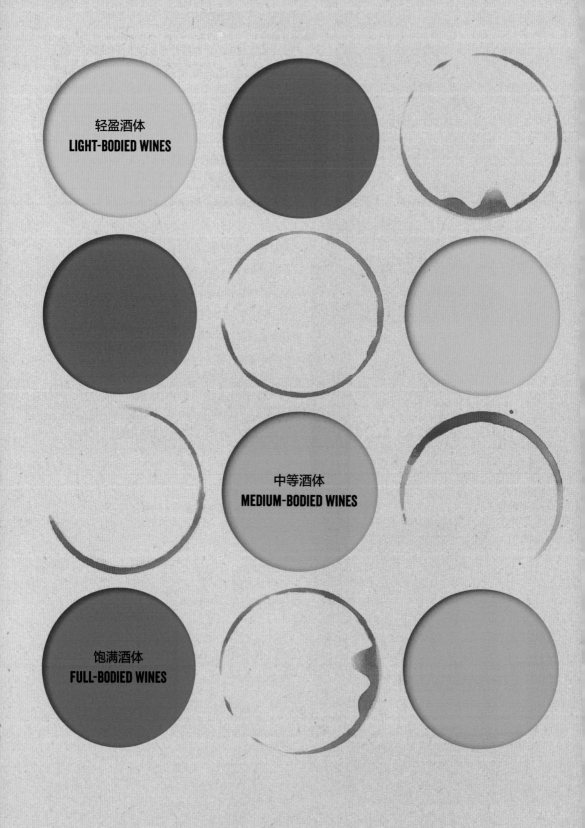

轻盈酒体
LIGHT-BODIED WINES

中等酒体
MEDIUM-BODIED WINES

饱满酒体
FULL-BODIED WINES

红酒
RED WINES

自然红酒的香气特征与传统红酒十分相近，这一点与白酒和橙酒颇为不同。这主要是因为传统红酒在酿造方法上普遍比其他颜色或风格的葡萄酒更贴近自然酿造法（除去普遍添加人工酵母这一点）。在酿造传统红酒时，为了获得更深的颜色，通常都会进行带皮浸渍（甚至有时还包括果皮和果梗），这一点与自然红酒是异曲同工的。由此产生的单宁和抗氧化物质能够避免酒液氧化。因此，传统酒农往红酒里添加的二氧化硫要比往白酒里加的少得多。连欧盟法律允许在红酒里添加的二氧化硫量都比白酒低。

尽管如此，自然红酒中的"自然感"是很容易品尝出来的。首先，自然酒很少带有新橡木桶气息，也不会特意追求这种风味。然而，高品质的老橡木桶很难获得，因此酿酒师只好买新桶回来自行陈年。这就意味着每个酿酒师前几个年份的产品会有更明显的橡木风味，单宁也更为粗糙。但除了这个权宜之计，自然酒从业者们倾向于回避橡木桶的风味，因为他们认为这会影响葡萄和风土的纯净感。比如在酒农协会的质量章程中规定，禁止使用 200% 的新橡木桶——也就是在酿酒过程中采用两个新橡木桶，这可是在传统红酒酿造中引以为傲的手法。

同样，自然酒农倾向于等到葡萄果实中的酚类物质充分成熟之后再进行采收，但不会为了获得流行的果酱风味而让葡萄在藤上过度熟成。由于自然酒不用人工手段来调整果实的酸度，果农们必须确保果实本身就具备足够的酸度以平衡酒水的口感。

越来越多的自然酒酒农开始回归传统做法，用整串葡萄进行发酵（不提前去梗）。如果果梗已熟透，则会给酒带来更为复杂的质地和新鲜度，还会产生近似

🕐 上图

自然红酒能充分反映出其生长环境的情况。葡萄园内的生物越多样化，它们的风味就越复杂。大约二十多年前，Claude Courtois 在法国的卢瓦尔河谷发现了一处与众不同的地块，诱发他创造了全新的品牌——*Racines*。

🕐 上图

才华横溢的 Antony
Tortul 及其团队在位
于贝济耶产区外的酒
窖内。

———

🕐 右图

Antony Tortul 众多特
酿中的一部分。

紫罗兰的香气。Antony Tortul 就是采用这种方法的代表酒农之一。他有
一系列作品就专门采用该方法酿成，不需要任何添加剂，风味美妙，非
常多元化。事实上，在酿造过程中，即便是在气温极高的夏天，他也不
会进行人工控温。我倒是相当喜欢他简单切实的理由："我们法国南部
的葡萄每年有三个月都要经受 35 摄氏度的高温。这也就意味着到葡萄
成熟的时候，它们已经习惯这种温度了。有些酒在发酵过程中可能升温
到 30 摄氏度，但我觉得这没什么问题。我最不希望的就是酿出有明显
人工痕迹的酒，因为我致力于充分表达它们各自独特的风土特征。"

　　最后，自然红酒在易饮和美味的程度上是出类拔萃的。这对自然酒
酒农来说，可以说是产品的精髓。即使一瓶自然红酒和一瓶传统红酒具
备相同的复杂和浓郁程度，不论年份长短，优秀的自然红酒也总是能够
表达出更强烈的新鲜感，且更易饮——这正是自然红酒的迷人之处。

法国
FRANCE

轻盈酒体的红酒
LIGHT-BODIED REDS

Domaine Cousin-Leduc, *Le Cousin, Le Grolle*
卢瓦尔河
灰果若[1]、黑果若

胡椒 | 罂粟 | 咖喱叶

Olivier Cousin 热爱航海,还是一位水准出众的赛马选手,可能是自然酒界最负盛名的野孩子。他多年来一直公开对抗产区系统(详见 114—120 页《何人:匠人》),在自有的农耕和酿造方式上坚持高度纯粹的自然方式。他也启发了很多年轻的酒农走上这条路。他可能是葡萄酒界最直言不讳的社团倡导者,也是一位彻头彻尾的享乐主义者。他致力于用洁净能源进行耕作,并致力于生产大瓶装易饮的葡萄酒(正如他的邮箱签名所说:"节约能源,保护环境;少用软木塞,多喝 1.5 升的大瓶装酒!"),再加上他投身于社团与协作,Olivier 这些年来已经招揽了不少粉丝,其中有些甚至每年会从日本前来拜访他或主动提供帮助。

这款酒气味芬芳,带有柔软的单宁颗粒感,容易入口,口感圆润,尤其适合在春日饮用。开瓶之后当天饮用为佳。

* 不添加二氧化硫

Patrick Corbineau, *Beaulieu*
希侬(Chinon),卢瓦尔河
品丽珠

黑加仑 | 白胡椒 | 豆蔻皮

Patrick Corbineau 是一个讨人喜欢的细致男子。他酿的酒在复杂程度和陈年能力方面可谓表现出众。这款希侬产区的酒在酒桶中陈年了两年,风味优美,富有张力,是一款出人意料的佳酿。Patrick 的作品产量极小,很难买到,但一旦找到这活力爆棚的作品,你就知道为其所费的每一丝心血都是十分值得的。

* 不添加二氧化硫

Pierre Frick, *Pinot Nior, Rot-Murlé*
阿尔萨斯
黑皮诺

橙皮 | 紫罗兰 | 莳萝籽

Jean-Pierre Frick 和妻子 Chantal,儿子 Thomas 共同管理着这个酒庄(园中有好几块以白垩土为主的地块)。Jean-Pierre 是阿尔萨斯生物动力酒的先驱,他从 1970 年起就已在葡萄园内进行有机耕作,并在 1981 年全面进行了生物动力法的改革。这款树龄高达一百年的老藤黑皮诺产自一座以石灰岩为主的葡萄园,土壤中富含铁元素——因而得名"红墙"(*Rot-Murlé*)。酒液色泽平淡而清亮,香味却异常芬芳,细节丰富,余味绵长。

* 不添加二氧化硫

---

1 果若(grolleau),法国都兰产区的一种红葡萄品种。

中等酒体的红酒
MEDIUM-BODIED REDS

| François Dhumes, *Minette*
| 奥弗涅
| 佳美

甜豌豆 | 矿石 | 桑葚

由于受到了包括 Vincent Tricot（详见175页）、Patrick Bouju 和 Stephane Majeune 在内的奥弗涅大区同行们的启发，François Dhumes 决定摒弃自己在勃艮第酿酒学校习得的更为工业化的酿酒方式，把在罗纳河的五年传统酿酒工作经验也抛在身后，投身自然酒的世界。

他在奥弗涅大区拥有一个结合了玄武岩、红黏土、石灰石地貌的葡萄园，占地3公顷，主要种植当地的佳美葡萄和霞多丽。*Minette* 这款酒的酒体十分坚实，而且结构细腻，带有矿物质风味和馥郁的香气。酒中有一丝挥发性酸的味道，但和整体的风味结合得很好。

* 不添加二氧化硫

| Sébastien Bobinet, *Hanami*
| 卢瓦尔河
| 品丽珠

李子 | 春花 | 绿色咖啡豆

Sébastien 家族的酿酒事业在卢瓦尔河地区已经延续了整整八代。他们以自产的葡萄进行酿造，并早在 1637 年就在这里建造了一座挑高 150 米的美丽酒窖。酒窖是在他家后山由人工徒手挖掘而成，酒水存放于此，缓缓熟成。

Sébastien 在其搭档，从舞者转行酿酒的 Emeline Calvez 的帮助下，在索米尔 - 尚皮尼地区（Saumur-Champigny）种植了多达 6 公顷的白诗南。这款 *Hanami*（赏花）口感多汁而清新。通常不添加二氧化硫，但由于年份不同，其中部分酒水可能会在装瓶时添加少量二氧化硫。

* 不添加二氧化硫

| Christian Ducroux, *Exspectatia*
| 博若莱
| 佳美

越橘 | 抹茶 | 紫花苜蓿

Christian Ducroux 是一个特别崇尚生命的酒农。他的葡萄园占地 5 公顷，拥有各种各样的生物。粉红色的花岗岩土壤上，每五排葡萄藤中间就穿插着各种水果树，地块边环绕着篱笆，野草丛生。他在瓶身上写道："为了帮助植物更好地生长，我们的母马 Hevan 和 Malina 帮忙犁地，让土壤中的微生物更加活跃。"*Exspectatia* 初喝时柔软多汁，开瓶一段时间后逐渐变得强劲，展现出复杂的风味，有泥土和辛香料的味道，让人联想起森林里的土地。这是一款非常出色的自然红酒。如果你对佳美葡萄风味的持续性存疑，或是不相信自然酒能完美地结合

⊙ 下图

Julien Sunier 酿造的这款博若莱酒也是一款中等酒体的自然红酒。

细腻、复杂和纯净的特点，那么这款酒你就绝不应该错过。

备注：博若莱是自然酒最重要的发源地之一（详见131页《何人：运动的起源》），也是优秀自然酒酒农的大本营。如果你想进一步探索这里的自然酒，还可以留意当地其他一些优秀的酒农，包括 Marcel Lapierre、Yvon Métras、Jean Foillard、Guy Breton、Jean-Paul Thévenet 和自然酒老手 Joseph Chamonard。另外，此地也培养了不少新生代酒农，包括 Hervé Ravera、Julie Balagny、Philippe Jambon、Karim Vionnet，以及 Jean-Claude Lapalu 等。

* 不添加二氧化硫

| **La Maison Romane,**
| **_Vosne-Romanée Aux Réas_**
| **勃艮第**
| **黑皮诺**

意大利香醋 | 多香果 | 桑葚

Oronce de Beler 的作品所选用的葡萄产自至少 10 个不同的勃艮第葡萄园。葡萄藤都是从其他酒农处租来的。他的作品风格前卫，轮廓鲜明，香味扑鼻，并且总能把酒里的挥发性酸味把握得恰到好处。Oronce 用马犁地，他和小马 Prosper 还一起帮其他酒农犁地。他还创立了一家专门销售马犁的公司——Equivinum，这些马犁在设计和生产过程中结合了多家勃艮第酒庄的经验。Oronce 的红酒是由整串葡萄带果皮及果梗浸渍酿造而成。

* 添加少量二氧化硫

| **Clos Fantine, _Faugères Tradition_**
| **朗格多克**
| **佳丽酿、神索、西拉、歌海娜**

迷迭香 | 黑莓 | 甘草

这片位于法国南部的酒庄占地 29 公顷（详见 99—101 页《谈野菜》），其主人是 Andrieu 家三兄弟——Carole、Corine 和 Olivier。酒庄里种满了在热带地区常见的灌木型葡萄藤。这些葡萄藤不会沿着架设好的绳索或柱子攀爬，而是成簇生长。Andrieu 家族的土壤以片岩为主，其风格在他们的另外一款作品 _Valcabrières_ 中也展露无遗，那是一款由特蕾葡萄酿造而成的酒，产量极少，带有具有嚼劲的矿物质风味。这款 _Faugères Tradition_ 是以佳丽酿为主的混酿，色泽深沉，果味浓烈，辛辣而优美，来自灌木丛的风味特征让人回想起温暖而灿烂的法国南部午后时光。

* 不添加二氧化硫

| **Henri Milan, _Cuvée Sans Soufre_**
| **普罗旺斯**
| **歌海娜、西拉、神索**

辛香樱桃 | 紫罗兰 | 西洋李

位于普罗旺斯圣雷米（梵·高曾在此处的精神病院住过一年，此地因此颇负盛名）的这座家庭酒庄于 1986 年被 Henri Milan 接手。他八岁时便种下了自己的第一株葡萄，下定决心要成为一名果农。他尝试酿出了第一款不添加二氧化硫的作品后，就陷入了经济危机（详见 105—109 页《结论：生命的礼赞》）。Henri 的"蝴蝶系列"[1]如今大受欢迎，_Cuvée_

---

1 该系列的酒标上有一只蝴蝶，除红酒外也有白酒、粉红酒。

Sans Soufre 是一款易饮度极高的不添加二氧化硫的红酒，在英国的销量遥遥领先。风味纯净而芬芳。

* 不添加二氧化硫

Les Cailloux du Paradis, *Racines*
索洛涅，卢瓦尔河
多种葡萄混酿

森林泥土 | 红醋栗 | 胡椒

Claude Courtois 的酒庄位于索洛涅河谷，巴黎人常来此捕猎。他是自然酒界的另一位英雄人物（详见131—135页《何人：运动的起源》114—120页《何人：匠人》），也是卢瓦尔河地区现存为数不多亲自种植葡萄的酒农之一。

这个酒庄里有果树、森林、葡萄藤和农田，是典型的多元农耕样板，尊重在此地生活的各类生命机体。Courtois 家族原本主要种植当地传统的葡萄品种，后来在一本 19 世纪的文献中找到一些相关资料后，他们甚至种起了西拉。文献中提到有一位酒农曾酿出了卢瓦尔河谷最好的红酒：一款 100% 的西拉。他们最初从当地的有关部门获得了许可，但后来有关部门又反悔要起诉他们家族，甚至强迫他们根除那些西拉葡萄。Courtois 的 *Racines*（详见209 页）是一款多种葡萄的混酿，充满泥土的芬芳，香气复杂。时隔数年，如今更散发出芬芳的花香。

* 添加少量二氧化硫

La Grapperie, *Enchanteresse*
勒尔城堡（Côteaux du Loir），卢瓦尔河
黑诗南[1]

红胡椒籽 | 旱金莲 | 黑醋栗

2004 年，几乎没有酿酒经验的 Renaud Guettier 创办了 La Grapperie。无论是在葡萄园还是在酒窖，他都保持着一丝不苟的工作态度。这块占地 4 公顷的葡萄园被分割成超过 15 个地块，酿酒的过程中不添加任何二氧化硫。Renaud 靠时间来成就酒的稳定性。这里的酒通常都经过长时间酿造，有时候甚至会在桶中待上六十个月之久。这款 *Enchanteresse*（女巫）风味精准、优雅、直接，无怪乎 Renaud 的酒被称为当今卢瓦尔河地区最具潜力的作品。

* 不添加二氧化硫

---

1 黑诗南（pineau d'aunis），卢瓦尔河谷最古老的红葡萄品种之一。

饱满酒体的红酒
FULL-BODIED REDS

Domaine Fontedicto, *Promise*
朗格多克
佳丽酿、歌海娜、西拉

黑橄榄 | 迷迭香 | 多汁的红樱桃

Bernard Bellahsen（详见 121—123 页《谈马》）毋庸置疑是一名动物农耕大师。他自学成才的故事令人备受鼓舞。他从事农业之初是专门制作新鲜葡萄汁的，后来才渐渐转向酿酒。如今，他也种植一些古老品种的小麦（有些甚至高达 2 米），他和妻子 Cécile 会将其磨成面粉烤成面包，在当地的农贸市场出售。Bernard 的这款 *Promise*（承诺）风味浓郁而集中，使"不添加二氧化硫的酒无法陈年"这一谬论不攻自破，绝对是家中必备的一款佳酿。

* 不添加二氧化硫

Jean-Michel Stephan, *Côte Rôtie*
罗纳河
西拉、维欧尼

帕尔马紫罗兰 | 血橙 | 刺柏

想品尝标准的 *Côte Rôtie*（罗第丘）风味吗？Jean-Michel Stephan 的作品绝对代表着本地出品的最高水准。他只酿造罗第丘产区的葡萄，所以他整个系列的产品都非常值得一试。Jean-Michel 师从 Jules Chauvet（详见 131—135 页《何人：运动的起源》），从业初始（1991 年）就是一个纯粹的自

然酒拥护者：他的有机葡萄园位于陡峭的山边，园子里的所有农活儿都由人工操办，酿酒过程中极少有外部干预。园子里主要种的是老藤西拉，其中有很大一部分其实是塞林（sérine）葡萄，这是本地西拉品种，果实更小，产量更低。在一众酒农（也包括 Jean-Michel 的）努力下，这种葡萄最近有复兴的趋势。这款酒虽然不是 Jean-Michel 最负盛名的塞林，但也是一款非常经典的罗第丘产区葡萄混酿。酒液极具表现力，香气馥郁，是一款优雅而纯净的西拉，堪称伟大的佳酿。

* 不添加二氧化硫

Château le Puy, *Emilien*
法兰丘[1]，波尔多
梅洛、赤霞珠

熟李子 | 雪松 | 可可豆

Château le Puy 坐落于圣 - 爱美隆（Saint-Emilion）和波美侯（Pomerol）之间的多岩高原上，是波尔多地区的一块瑰宝。有人问 Jean-Pierre Amoreau 如何能让酒庄长达四百年来始终坚持有机耕作，他开玩笑说："我的祖先啊，有一位太过吝啬，而另一位则太有远见，总之他们都不愿在葡萄园里使用合成化学药剂。"

他们 2003 年份的作品在日本漫画《神之水滴》中出现，从而一战成名，酒庄也一夜之间开始受人膜拜。他们的确实至名归。le Puy 出品的是优雅的波尔多传统干红，即使是最传统的饮酒者也会喜爱不已。这款 85% 的梅洛来自果实熟成的一年，为酒水带来了更为丰满的口感。这款酒在年轻时已十分易饮，陈年能力也不俗。

* 添加少量二氧化硫

1　法兰丘（Côtes de Francs），波尔多最小的一个子产区。

La Sorga, *En Rouge et Noir*

朗格多克

黑歌海娜、白歌海娜

紫罗兰 | 白胡椒 | 欧洲越橘

Antony Tortul 一副优哉的样子，满头狂野的小发卷，你绝对猜不到他竟是一名训练有素的药剂师，还是一个天生执着于细节的人（详见 114—120 页《何人：匠人》）。

这位朗格多克地区年轻的酒商兼酿酒师自 2008 年开始酿酒，共和四十种不同种类的葡萄打过交道，其中不乏众多传统品种，比如阿拉蒙、特雷布雷（terret bourret）、欧伴[1]、佳丽酿、神索、莫扎克[2]等。"我一直都希望能用不受干预的酿造方法来制造出少量而纯净的富有风土特色的葡萄酒。"Antony 如是说。

Antony 的 *En Rouge et Noir*（红与黑）是一款飘逸、芬芳而可口的绝佳作品。这绝对是一位值得你关注的酒农。

* 不添加二氧化硫

意大利
ITALY

轻盈酒体的红酒
LIGHT-BODIED REDS

Cascina Tavijn, *G Punk*

阿斯蒂[3]，皮埃蒙特

格里尼奥里诺（grignolino）

红加仑 | 樱桃核 | 刺柏

Nadia Verrua 的家族在蒙菲拉托[4]的山坡沙地上种植葡萄已经有超过一个世纪的历史了。在这块占地 5 公顷的土地上，种着榛子和本地原生的葡萄品种，包括巴贝拉[5]、露诗[6]、格里尼奥里诺。他们用后者酿成了 *G Punk*，这是一款狂野、明亮，单宁丰富而细腻的酒，有一丝咸味恰如其分地带出宛如樱桃核般生动的一丝苦味，充分地体现了这一古老的蒙菲拉托葡萄品种的特点。人们普遍认为"grignolino"一词事实上来自阿斯蒂当地方言的"grignole"，意为"多核"。这可能正是酒里那些苦味的来源。这是一款美味易饮的酒。

* 不添加二氧化硫

---

1 欧伴（aubun），法国南罗纳河产区常见的红葡萄品种。
2 莫扎克（mauzac），法国西南部的一种传统白葡萄品种。
3 阿斯蒂（Asti），皮埃蒙特大区阿斯蒂省首府，历史悠久的古城，也是该大区的一个法定产区，被称为意大利起泡酒之乡。
4 蒙菲拉托（Monferrato），位于意大利北部皮埃蒙特大区，包括阿斯蒂省和亚历山德里亚省，2014 年因其葡萄酒产业而被列入世界文化遗产。
5 巴贝拉（barbera），起源于皮埃蒙特的一种红葡萄，多产且可塑性极强，如今仍是该产区的主力品种，在意大利的种植面积曾稳居前三。
6 露诗（ruché），皮埃蒙特较罕见的一个葡萄品种，一说是 18 世纪从勃艮第传入的。

中等酒体的红酒
MEDIUM-BODIED REDS

Cantine Cristiano Guttarolo, *Primitivo Lamie delle Vigne*
普利亚[1]
普里米蒂奥[2]

黑醋栗 | 意大利香醋 | 青柠

普里米蒂奥（它在美国有一个更为人所熟知的名字"金粉黛"）常被认为是一种饱满而热情的酒（它们当然也具有这种风格），但 Guttarolo 的作品更强调清新与酸度。这款酒在不锈钢槽中酿制而成，花香馥郁持久，成熟度高，风味迷人。

Guttarolo 酒庄位于靠近意大利这只大靴子鞋跟处的乔亚德科尔（Gioia del Colle）产区，他们还有一款很难买到的普里米蒂奥也十分值得品尝，该酒在希腊双耳陶罐中酿成，风味令人惊叹。

* 不添加二氧化硫

Lamoresca, *Rosso*
西西里
黑珍珠[3]、弗莱帕托[4]、歌海娜

桑葚 | 紫罗兰 | 肉桂

Lamoresca 酒庄的名字来源于当地一种名为"莫列斯卡"（moresca）的橄榄。这个酒庄拥有上千棵橄榄树和占地 4 公顷的葡萄藤。Filippo Rizzo 在当地成功地开创了酿酒的先河，并取得了丰硕的成果。这款黑珍珠（60%）、弗莱帕托（30%）和歌海娜（10%）的混酿充满了迷人的红色水果香气。

* 添加少量二氧化硫

Selve, *Picotendro*
奥斯塔[5]
内比奥罗

意大利香醋 | 樱桃皮 | 黑莓

这款传统而纯朴的内比奥罗酒来自意大利面积最小、人口最少的产区——位于阿尔卑斯山脉的奥斯塔产区。这个地区产生于数千年前的末次冰河时代[6]，聚集了许多宏伟的山峰，包括马特洪峰[7]、勃朗峰[8]和罗莎峰[9]。Jean Louis Nicco 的葡萄园梯田也在此处。Jean Louis 声称："我们的风土是全世界最优秀的！" 1947 年，他的祖父买下了这个葡萄园，用来酿造自然酒以供给村民。2001 年，他的父亲，登山运动员 Rinaldo 继承了葡萄园，现在又传到了 Jean Louis 手里。

Picotendro（在奥斯塔语中意为"内比奥罗葡

1　普利亚（Puglia），意大利南部的一个大区。
2　普里米蒂奥（primitivo），意大利常见的红葡萄品种，在美国被称为"金粉黛"（zinfandel）。
3　黑珍珠（nero d'avola），起源于西西里岛，又名 calabrese，是西西里岛最重要的红葡萄品种，在澳大利亚也有一定声誉。
4　弗莱帕托（frappato），古老的当地红葡萄品种，广泛生长在西西里岛东南海岸。
5　奥斯塔（Aosta），意大利最靠西北的葡萄酒产区，也是意大利面积最小的产区。
6　末次冰河时代，又称末次冰期、末次冰川时期。地球历史上曾发生过多次冰期，最近一次是第四次，寒冷气候带向中低纬度地带迁移，高纬度地区和山地广泛发育成了冰盖或冰川。这一时期大约始于二百万至三百万年前，结束于一万至两万年前。
7　马特洪峰（Matterhorn），位于瑞士与意大利的边境，是阿尔卑斯山脉最知名的山峰之一。
8　勃朗峰（Mont Blanc），阿尔卑斯山的最高峰，海拔约 4808 米。
9　罗莎峰（Monte Rosa），位于意大利和瑞士的交界处，有若干座海拔超过 4500 米的高峰，其中最高点杜富尔峰（Dufourspitze）海拔约 4634 米，是瑞士的最高点，也是阿尔卑斯山脉的第二高峰。

萄")是一款强劲的酒，有别具一格的单宁感，味道集中而浓郁，有明显的老橡木桶陈年的风味特征。经过长时间的陈年后，酒水具备极强的复原能力，能经得起时间的考验（我同时试饮了几款不同年份的酒，表现都很出色）。

* 不添加二氧化硫

Cascina degli Ulivi, *Nibiô, Terre Bianche*
皮埃蒙特
多塞托 [1]

莫利洛黑樱桃 | 黑橄榄 | 腥味

Stefano Bellotti 的农场是可持续农耕的典范。这里有 22 公顷葡萄园，10 公顷耕地（轮流种植大麦和饲料），1 公顷菜园，1000 棵果树，牲口群，还有其他常见的农场动物。Stefano 从 20 世纪 70 年代起就坚持有机耕种，1984 年改行生物动力法。*Terre Bianche* 由具有红色葡萄梗的多塞托葡萄（当地方言称之为 nibiô）酿成，是塔撒罗洛（Tassarolo）和加维（Gavi）地区一款历史悠久的红酒。多塞托葡萄在该地区也已经有超过一千年的种植历史。这款酒开瓶后香气扑鼻，带有一丝野腥味，复杂的挥发性酸味 [2]，单宁与酒液融合得天衣无缝。

* 不添加二氧化硫

Panevino, *Pikadé*
撒丁岛
莫妮卡 [3]、佳丽酿

桑葚 | 酸豆 | 薄荷

Gianfranco Manca 继承了一间烘焙坊，还有一个种了 30 个古老品种葡萄的葡萄园。酒庄名字 Panevino（意大利语"面包酒"）因此而生。多亏了对面包烘焙工艺（及其过程中所产生的发酵）的了解，他酿起葡萄酒来也得心应手。这款酒风味浓郁美妙，初开瓶时味道十分封闭，一旦风味打开，就充满了深色莓果的香气，之后逐渐转为花香和红色水果的味道，十分易饮。

* 不添加二氧化硫

Montesecondo, *TÏN*
托斯卡纳
桑娇维塞

黑莓 | 可可 | 鸢尾草

萨克斯演奏家 Silvio Messana 一直居住在纽约，直到父亲去世，他才回到托斯卡纳老家。他的父亲曾是一位爵士乐手，20 世纪 70 年代开始种植葡萄。当时，他母亲在批发销售自己园子里种的葡萄，而 Silvio 则一猛子扎进了酿酒这个行当，在 2000 年装瓶了首批年份酒。

如今，正如 Silvio 所说，"我们把酒庄看作一个鲜活的有机体"，而酿酒的过程则是一种"自然的转变过程"。他的作品确实体现了他的这一酿酒哲学。Tin 在阿拉伯语中意为"陶土"——酒在一个容积 450 升的西班牙陶土细颈瓶中带皮浸渍十个月，然后不经过滤，直接装瓶。酒液充满优雅的花香。

说出来你可能不信，尽管提到托斯卡纳，你绝不会想到"野性"一词，但 Montesecondo 酒庄

1　多塞托（dolcetto），意大利的三大葡萄品种之一。

2　葡萄酒受到污染后，会滋生细菌，产生可挥发酸。当挥发酸含量较低时，酒的香气和复杂度都会提升；但如果挥发酸含量过大，则会破坏葡萄酒的气味，使其失去平衡。

3　莫妮卡（monica），意大利西海岸撒丁岛上发现的葡萄品种。

可是个例外。这里实在是过于偏僻，晚上你甚至能
听到狼嚎呢!

* 添加少量二氧化硫

饱满酒体的红酒
FULL-BODIED REDS

Cornelissen, _Rosso del Contadino 9_

西西里

马斯卡斯奈莱洛[1]与其他数十种本地红白葡萄

野莓丨风信子丨石榴

Frank Cornelissen 原本是一位比利时酒商，为了
找寻心目中完美的风土而上下求索不止，终于在埃
特纳活火山的山坡上找到答案。此地是他整个农耕
哲学的缩影："人类永远都无法了解自然的复杂性与
互动性。"Frank 拒绝在土地上采用任何的干预手段，
而是追寻自然的指引。他也不对土地进行任何处理：
"不论是化学手段、有机方法还是生物动力法则，无
非是反映了人类无法接受自然的现状与未来。"这款
Rosso del Contadino 9 既有趣又严肃。你试一试
就明白我的意思了。

* 不添加二氧化硫

1 马斯卡斯奈莱洛（nerello mascalese），源于西西里岛东北部埃特纳产区的红葡萄品种。

Il Cancelliere, *Nero Né*

图拉斯[1]，坎帕尼亚

艾格尼科[2]

黑醋栗 | 花香 | 新鲜蔓越莓

当你在温暖的地中海型气候地区酿酒时，把酒庄建在海拔 550 米的地方的确会成就不凡。较高的地势意味着早晚明显的温差，这能帮助延长葡萄的成熟季，有助于酿造出更清爽的、不带烘烤水果味的红酒。在大橡木桶中陈年两年后，再装瓶陈年两年。漫长的熟成过程有助于舒缓艾格尼科宏大而坚硬的结构。这一系列举措的个中奥秘都是庄主 Soccorso Romano 从父亲那里习得的，他称之为"农民的智慧"。

* 添加少量二氧化硫

Case Corini, *Centin*

皮埃蒙特

内比奥罗

玫瑰花瓣 | 野百里香 | 莫利洛黑樱桃

几年前我初次喝到 *Centin* 时，便深深惊叹于它的尊贵。坦白说，这款酒完美地诠释了内比奥罗葡萄——这是一款优雅自若的酒，兼具魅力、包容与温柔。酒似主人，它的酿造者 Lorenzo 也正是一个这样的人。

Lorenzo Corino 曾花大量时间进行农业领域的相关研究——包括谷物、葡萄栽培和酿酒。作为皮埃蒙特科斯蒂廖莱达斯蒂（Costigliole d'Asti）地区酒农家族的第五代传人，他将理论知识和实际经验结合在一起。他同时还是托斯卡纳的生物动力法农场 La Maliosa 的顾问（详见 196 页）。他成就卓越，知识渊博，且不吝与他人分享自己的真知灼见。他曾编撰及与他人合著过九十余本关于葡萄种植的科技出版物，并在 2016 年出版了他的第一本书——《葡萄园，葡萄酒，人生：我的自然理念》（ *Vineyards, Wine, Life: My Natural Thoughts* ），这本自传中集结了他珍贵的人生经验。

* 不添加二氧化硫

Podere Pradarolo, *Velius Asciutto*

艾米利亚 - 罗马涅

巴贝拉

樱桃白兰地 | 丁香 | 意大利香醋

Podere Pradarolo 酒庄位于艾米利亚 - 罗马涅大区的帕尔玛（Parma）山，出产高品质的自然酒。不论采用何种葡萄进行酿造，发酵的过程均不进行温控，浸渍时间从三十天至九个月不等。这款巴贝拉葡萄酒带皮浸渍长达九十天，装瓶之前在大橡木桶里经过十五个月陈年，是一款令人垂涎欲滴的好酒。

* 不添加二氧化硫

---

1 图拉斯（Taurasi），位于意大利南部的产区，又被称为"南部之王"。

2 艾格尼科（aglianico），产自意大利南部的红葡萄品种。

欧洲其他地区
REST OF EUROPE

中等酒体的红酒
MEDIUM-BODIED REDS

Bodegas Cauzón, *Cabrónicus*

格拉纳达，西班牙

丹魄

蓝莓 | 石榴 | 甘草

这款丹魄采用二氧化碳浸渍法[1]酿造而成。葡萄生长在内华达山脉（Sierra Nevada）海拔 1080—1200 米的葡萄园内，极端的气候和葡萄晚熟的特征给这款酒带来了充满活力的色泽、酸度、酒精度和单宁。葡萄园的主人 Ramón Saavedra 曾是布拉瓦海岸[2]一家米其林餐厅 *Big Rock* 的主厨。后来转行回到老家，潜心学习葡萄种植与酿造。如今，在格拉纳达地区的山地里有不少自然酒同行，Cauzón 酒庄也是其中的一分子。*Cabrónicus* 是该酒庄作品之中最为轻盈多汁的一款。

* 不添加二氧化硫

Mendall, *Finca Espartal BP*

特拉阿尔塔，西班牙

歌海娜

红樱桃 | 鸢尾花 | 近似血腥味

这款酒是我目前的日常最爱，十分适饮，令人欲罢不能。正如 Laureano Serres（该酒的酿造者）开玩笑所说："就像吃棒棒糖一样。"这位神采奕奕、风格独特的西班牙加泰罗尼亚人在特拉阿尔塔地区酿造出了数十款作品，此地位于巴塞罗那南部 200 公里处，距海边 50 公里。每款酒的年产量仅 1000 瓶左右（其中某些酒的产量只有区区几百瓶）。最近我品鉴了他的 2013 年份系列作品，我能够非常负责地说：请尽情享用吧，这些酒都出色极了！

* 不添加二氧化硫

Mythopia, *Primogenitur*

瓦莱，瑞士

黑皮诺

覆盆子 | 紫罗兰 | 口感爽脆的红醋栗

Mythopia 是一座宛如天堂的美丽葡萄园（详见 26—28 页《一个有生命力的花园》），长满了野花、果树、豆科植物、谷物；珍稀鸟类和绿蜥蜴在此惬意地生活，还有超过六十种蝴蝶翩翩起舞。站在酒庄的陡坡上，能看见阿尔卑斯山的最高峰。此处采用的农耕方式至少有部分源自阿兹特克[3]人所使用的古老方法。Mythopia 是一个上千种丰富生物共生的生态系统网络。正如其主人 Hans-Peter Schmidt 本人所说，这款 *Primogenitur*（继承者）"充满生机、果香满溢、轻松活泼"，直接而热情，宛如一名纯真孩童，"他成长于大自然，从未经历过尔虞我诈。这款酒能让你回忆起最好的时光"。听听这说得多好！

1　二氧化碳浸渍法（carbonic maceration），在密封容器中加入大量二氧化碳以创造无氧的环境，然后将葡萄在压榨前完整浸入容器进行发酵。

2　布拉瓦海岸（Costa Brava），位于西班牙加泰罗尼亚东北部赫罗纳省的一段海岸线，一直延绵到法国边境。

3　阿兹特克（Aztec），14—16 世纪存在于中美洲的古文明，农业上精耕细作，依凭谷地浅水湖开垦种植园，种植玉米、水果、药草等作物，并建有灌溉和垃圾循环系统。

我这笨嘴拙舌实难望其项背。

* 不添加二氧化硫

| **Weingut Karl Schnabel,** *Blaufränkisch*
| 南施泰尔马克，奥地利
| 蓝弗朗克

黑莓灌木 | 花香 | 新鲜蔓越莓

"我们所做的一切都遵循同一个原则——我们只是地球上的过客，"Karl 说，"我们需要为下一代好好维护这个地球。"对于 Schnabel 夫妇而言，土地的使用权或产权仅仅意味着人们对自己拥有的这一小部分土地要直接负起责任。Karl 和 Eva 解释道，土地的主人有责任为了公众的利益而好好照看土地，比如种植富有营养的食物，或是为打造一个更健康的地球做出贡献。

这对保守、害羞、谦逊的夫妇以身为农民为傲。他们默默地努力酿造好酒，仅仅是因为这么做符合他们自己的信仰。他们搭起石头堆，挖出进水孔，以吸引土地上的爬行动物（包括滑鳞蛇和其他无毒的蛇类）。这款纯净并带有矿物风味的蓝弗朗克富有活力，正是他们生活方式的证明。

* 不添加二氧化硫

| **Terroir al Limit,** *Les Manyes*
| 普里奥拉托，西班牙
| 歌海娜

成熟桑葚 | 板岩味 | 甘草

葡萄园海拔 800 米，种植在黏土上的五十年老藤葡

① 下图

看看这些葡萄藤！ Mythopia 的花园里植物们正欣欣向荣！

萄酿成了这款歌海娜，风味纯净紧实，富有深色水果的香气，单宁温和，质感精确而分明。事实上，除了这款出奇精妙的红酒之外，Dominik Huber 的所有作品都具有这种特质。考虑到这些酒是在半干旱地区中顶着西班牙灼人的烈日酿成，就更让人惊叹其酿酒技艺之高超了。就我个人品鉴过的作品而言，他的每个年份似乎都比之前的作品更为精准。这款酒很可能是你能在市面上找到的最为优雅的普里奥拉托产区代表作。

* 添加少量二氧化硫

Costador Terroirs Mediterranis, *La Metamorphika Sumoll Amphorae*
佩内德斯[1]，西班牙
苏莫尔[2]

樱桃白兰地 | 西洋李 | 迷迭香

这个庄园位于比利牛斯山脚下，其中有部分区域的海拔高达 900 米。Joan Franquet 在这里种了二十多种葡萄（其中有些是超过一百年历史的老藤），其中包括许多加泰罗尼亚本土品种，比如黑苏莫尔、查帕[3]、玛卡贝奥、沙雷洛[4]、白苏莫尔、帕雷亚达[5]。这款苏莫尔精良而细腻，在迪那哈陶罐中经过九个月熟成。

* 不添加二氧化硫

饱满酒体的红酒
FULL-BODIED REDS

Casa Pardet, *Cabaret Sauvignon*
塞格雷河岸[6]，西班牙
赤霞珠

深色李子 | 旱金莲 | 罂粟

Josep Torres 于 1993 年开始经营这个酒庄，一开始采用有机耕种，1999 年转为生物动力法。对 Josep 而言，最重要的是打造一个充满活力的葡萄园，酿造出充满活力的酒。"你可以尽可能多喝喝那些所谓'死酒'，然后再试试充满生命力的无添加物的自然酒，你的身体都会因此而感谢你的。"

这款狂野的葡萄酒就像 Josep 一般充满活力，充满鲜活的果味，同时也表达出自信和微妙的优雅。他还酿有一系列令人兴奋的醋——大约都是十至十五年的陈醋，有些经过索雷拉[7]熟成，有些则在法国橡木桶中陈年，其中有一款浸渍于迷迭香中，其他几款则添加了蜂蜜。

* 不添加二氧化硫

---

1 佩内德斯（Penedès），盛产卡瓦起泡酒，是西班牙现代酿酒革命的中心。

2 苏莫尔（sumoll），种植在西班牙巴贝尔拉河谷（Conca de Barbera）地区的一种红葡萄品种。

3 查帕（trepat），西班牙东北部的本土红葡萄品种。

4 沙雷洛（xarel.lo），较为少见的白葡萄品种，原产于西班牙佩内德斯。

5 帕雷亚达（parellada），起源于西班牙东北部的白葡萄品种。

6 塞格雷河岸（Costers del Segre），西班牙法定产区（Denominacion de Origen，DO），位于加泰罗尼亚大区的莱里达省（Lleida）。

7 索雷拉（solera）是酒水饮料的陈年方法，通过逐步混合不同陈酿年份的酒水原液，使得酒液的整体陈酿时间逐渐增加，最终的酒饮是新旧多个年份原液的混合。也用于啤酒、酒醋等的酿制，整个过程可能持续数年之久。"索雷拉"来自西班牙语"suelo"（意为"地面"），指最接近地面（也是陈酿时间最长）的一组酒桶。

Clot de Les Soleres, *Anfora*
佩内德斯，西班牙
赤霞珠

黑醋栗 | 野薄荷 | 百合花

Carles Mora Ferrer 这座美丽的农场建于 1880 年，位于巴塞罗那靠近内陆的佩内德斯地区。他于 2008 年首次推出了无添加的年份酒，这些年来他的作品力道愈发强劲。这款赤霞珠在希腊双耳酒罐中陈年了十三个月才进行装瓶。地中海的阳光和清凉的海风，赋予了这款酒清澈而纯净的香气。

* 不添加二氧化硫

Nika Bakhia, *Saperavi*
卡赫季，格鲁吉亚
晚红蜜

黑莓 | 迷迭香 | 黑醋栗

格鲁吉亚艺术家 Nika Bakhia 早年生活在柏林。2006 年，他在格鲁吉亚最大的葡萄酒产区卡赫季买下了一个种着晚红蜜的小葡萄园，还有一个位于阿纳加村（Anaga）的废弃酒窖。葡萄园占地 6 公顷，现在种着晚红蜜和白羽[1]葡萄，还有少许塔芙科利、科沁[2]和穆茨瓦涅。他用这些葡萄进行试验。"酿酒是一个创新的过程，"他解释道，"就像雕刻和绘画一样，是建立在对自然材料的理解的基础上，同时也不能去压抑它们的本性。"

晚红蜜的果皮较厚，连果肉都带有颜色，酿出的酒也色泽深沉如墨——事实上，我曾经用晚红蜜

1　白羽（rkatsiteli），格鲁吉亚最古老的白葡萄品种之一。
2　科沁（khikhvi），原产于格鲁吉亚的白葡萄品种，较为稀有。

果汁给一件 T 恤染过色，最后染出了一件紫丁香色的衣服！Nika 的 *Saperavi*（晚红蜜）风味浓郁、集中，单宁丰富。酒液在传统的奎弗瑞陶罐中熟成，酒罐被埋在 Nika 的酒窖中——这种酿酒方法在 2013 年被联合国教科文组织正式认定为人类非物质文化遗产。

* 添加少量二氧化硫

Barranco Oscuro, *1368, Cerro Las Monjas*
格拉纳达，西班牙
赤霞珠、品丽珠、梅洛、歌海娜

成熟的黑莓 | 肉桂 | 烤橡木

Barranco Oscuro 的这款酒因酒庄的高海拔（海拔

ⓘ 下图

发酵一词源于拉丁语"fervere"（意为"煮沸"）。发酵是一个嘈杂而充满活力的过程，看起来的确像果汁正在沸腾。

1368 米）而得名，它也是全欧洲海拔最高的酒庄之一。酒庄位于安达卢西亚自治区内华达山脉的山脚下，凉爽的气候缔造了酒液的清新感和出色的酸度，而西班牙南部灼热的阳光温柔地烘烤着葡萄藤上的果实。最终酿出的酒水强劲有力，带有深色莓果香气，其丰盈和成熟的风味具有典型的西班牙风格，紧实的质感却又比大多数西班牙酒更胜一筹。尽管这款酒带有橡木桶味（可能是本章中橡木桶味最重的一款酒），却展现出更丰富的层次和深度。极其适合配餐。

* 不添加二氧化硫

Purulio, *Tinto*
格拉纳达，西班牙
混酿：西拉、赤霞珠、梅洛、丹魄、品丽珠、黑皮诺、小维多 [1]

迷迭香 ｜ 黑橄榄 ｜ 桑葚

Torcuato Huertas 一生都醉心于务农，主要种植橄榄和水果。早前，他酿的酒主要是供家庭消费。20 世纪 80 年代初，在他的导师及亲戚，来自 Barranco Oscuro（详见前页）的 Manuel Valenzuela 的帮助下，他关注的重点发生了改变。如今，他的农场占地约 3 公顷，混种了二十一种葡萄。*Tinto* 是七种葡萄的混酿，重点不在于表现葡萄的品种风味，而在于表现当地的风土。南方炎热的天气为酒液带来丰沛的水果香，高海拔则为酒液带来新鲜的风味。

* 不添加二氧化硫

Dagón Bodegas, *Dagón*
乌迭尔 - 雷格纳，西班牙
博尔巴 [2]

李干 ｜ 樱桃利口酒 ｜ 意大利香醋

Dagón 的酒直接受到 Miguel 个人农耕方式的影响。他用了过去十多年的时间来形成这一独特的方式。他在葡萄园里采取最低程度的干预，从 1985 年开始就不再采用任何农耕辅助手段（包括不进行施肥，甚至也不使用波尔多混合剂）。Miguel 坚信葡萄藤会自行适应环境，于是，葡萄园里的地中海花卉和动物们就和葡萄藤们和谐共处。而他的葡萄的确也适应得很好，人们认为 Miguel 的葡萄是世界上最健康的葡萄（详见 94—98 页《健康：自然酒更有益于身体吗？》）。

这款博尔巴口感极干，就如同它的守护者 Miguel 一样骨气十足。将葡萄带皮浸渍数月之后，进行压榨，然后在橡木桶中陈年十年左右再进行装瓶。尽管它的风味相当可口，但这不是一款会让你想一口气喝光的酒，反而是一款更适合在沉思时饮用的治愈之酒。

* 不添加二氧化硫

Els Jelipins, *Font Rubi*
佩内德斯，西班牙
苏莫尔、歌海娜

黑莓 ｜ 酸橙 ｜ 干香料

Glòria Garriga 在 2003 年创立了 Els Jelipins 酒庄。

1　小维多（petit verdot），法国波尔多的红葡萄品种。法语意为"小绿"，因其晚熟，采摘时果皮常还带有青绿色而得名。
2　博尔巴（bobal），西班牙红葡萄品种。

她说："我的故事很简单。我喜欢喝酒，所以决定要干这行。成为酿酒师之后，我就一心想要酿自己的酒。有部分原因是我当时喝的大部分酒都过于浓郁和强劲，容易让人喝着很累，也难配餐，因为酒本身太抢戏了。于是我想，如果能酿出一款我自己想喝的酒就太好了。这也是我喜欢苏莫尔这种葡萄的原因之一。当时人人都不愿意种这种葡萄，因为官方称这是一种'较差'的葡萄，无法酿造出高品质的葡萄酒。事实上，在佩内德斯法定产区是不允许使用这种葡萄酿酒的。但我非常喜欢苏莫尔酿的酒，而且如今仅存的苏莫尔几乎都是百年以上的老藤，它们的主人都是些上了年纪的酒农，酿出来的酒也只是用于自饮。因此，我很喜欢它所代表的社会意义，也想要保留住这一传统瑰宝。"

多亏了 Glòria 的努力和她酿出来的酒，苏莫尔的声誉扶摇直上，佩内德斯法定产区也换了说法，开始对这种伟大的葡萄极尽溢美之词，如今终于有越来越多的酒农开始种植苏莫尔。Glòria 的 2009 年份 Font Rubi，每一个酒瓶上都画了一只小小的红心。酒体丰满馥郁，富含矿物味，风味平衡，同时还有一丝挥发酸，为这款出色的年份酒带来了更多的复杂性。

* 添加少量二氧化硫

新世界
NEW WORLD

中等酒体的红酒
MEDIUM-BODIED REDS

Vincent Wallard, *Quatro Manos*

门多萨，阿根廷

马尔贝克[1]

蓝莓 | 紫罗兰 | 紫罗勒

Quatro Manos（四手），这个合作计划得名于两位创办者：Emile Hérédia 是一位自然酒酒农，拥有卢瓦尔河地区的 Montrieux 酒庄；Vincent Wallard 则来自伦敦，曾开过一家法国餐厅。尽管在项目落地时遇到了很多实际困难，比如找瓶子和酒塞就是不小的问题，但结果倒是挺不错。他们的马尔贝克与阿根廷常见的风格大相径庭。我们熟悉的风格相当制式化：过熟，缺乏果香，橡木桶味浓郁。他们对部分葡萄采用整串发酵，部分采用去梗发酵——这种发酵技术被称为"三明治发酵法"，因为每个桶内都会有不同的层次；而不经橡木桶陈年的酒水呈现出格外浓郁的花香，甚至颇有些异域香气，胡椒味和柔软的单宁架构使得酒水的味道令人垂涎三尺。

* 添加少量二氧化硫

---

1 马尔贝克（malbec），红葡萄品种，盛产于阿根廷和法国。

鸢尾花 | 可可 | 鼠尾草

由于单一品种的派斯葡萄酒在市面上十分罕见，因此你绝对猜不到它其实是智利种植面积最广的葡萄品种。事实上，即便你可能已走遍了整个智利，参观了无数酒庄，离开的时候依然完全意识不到这种葡萄的存在。16 世纪中叶，派斯由西班牙殖民者 / 传教士们带入智利，由于比不上那些更受欢迎的时髦国际品种，它便沦为了靠产量取胜的葡萄。直到 Louis-Antoine Luyt 出现。这名来自法国的年轻自然酒酒农让这种俯拾皆是的古老而扭曲的葡萄藤焕发了生机，他采用旱耕的方式种植葡萄，也不对这些老藤进行嫁接（其中有些老藤的确超过百年历史），终于使派斯走上了复兴之路。

这款 *Huasa* 令人惊艳：风味极其复杂，陈年能力强劲，我认为这是如今智利红酒中最令人兴奋的作品。充满花香，有浓郁的烟熏风味和迷人的质地，还有令人耳目一新的矿物味。

* 添加少量二氧化硫

Donkey & Goat, *The Recluse Syrah*

断腿葡萄园（Broken Leg Vineyard），安德森谷（Anderson Valley），加利福尼亚，美国

西拉

紫罗兰 | 肉桂 | 黑莓

Jared 和 Tracey Brandt 在加利福尼亚州伯克利一所时髦的城中酒窖里酿酒。他俩不怎么种葡萄（全靠采购），专攻酿酒。2004 年，他们设立了自己的精品酒庄，此后一直发展得不错。他们的作品很有罗纳河谷风格——也就是说法国风格要比澳大利亚风格更强一些，辛辣且嚼劲十足，果酱香和酒精味则没那么重。他们与法国知名的低干预风格酿酒师 Eric Texier 共事过一段时间（可以试试他的 *Brézème*、*Vieille Serine*，所用的葡萄生长在罗纳河北部仅有的几处石灰岩土壤上）。这款酒有 45% 由整串葡萄发酵而成，在桶中陈年二十一个月后再在瓶中陈年十三个月，因为 Jared 和 Tracey 认为红酒需要足够的时间进行风味的演化和发展。

备注：他们某些作品里的二氧化硫含量会偏高一些。

* 添加少量二氧化硫

Shobbrook Wines, *Mourvèdre Nouveau*

阿德莱德山，澳大利亚

慕合怀特

肥美的樱桃 | 石榴 | 佛手柑

澳大利亚人 Tom Shobbrook 像个兴奋的野孩子，一切事情都能引起他的兴趣——咖啡，音乐，甚至腌肉（他的酒窖里也做腌肉）。你会觉得没有 Tom 办不到的事，不管他脑子里的想法有多么疯狂，总能被他变成现实，而且这些"现实"多半还相当可口。他的酒庄就像个有趣的实验室，这个热爱美食、风味和味道的人在这里放飞自己的梦想。

有一群新兴的年轻风土主义者正在澳大利亚扎下根来，而 Tom 作为一名敏感的酿酒师，就是其中坚定的一员。这款慕合怀特之所以值得一提，不仅仅

---

1 马乌莱（Maule），智利最大和最古老的葡萄酒产区，位于圣地亚哥以南。

⏱ 上图

Domaine Lous Grezes 是 S.A.I.N.S. 协 会 的 成 员 (详 见 139—140 页《何地何时：酒农协会》), 酿造的一系列作品均不添加二氧化硫。

因其新酒的概念（这也是酒名的由来），还因为它在装瓶时残留了少许天然的二氧化碳，这为酒水带来了一丝气泡感，使其保持了年轻、有趣和新鲜的感觉。

* 不添加二氧化硫

Domaine Lucy Margaux, *Monomeith*
阿德莱德山，澳大利亚
黑皮诺

深色莓果丨姜丨血橙皮

南非人 Anton van Klopper 在从事酿酒行业之前是一名厨师。2002 年，在旅居海外多年之后，他和妻子共同买下了阿德莱德山区这块占地 6.5 公顷的樱桃园，就此定居下来。2010 年，Anton 与其友人 Sam Hughes、Tom Shobbrook（详见前页）和 James Erskine 共同创办了"自然选择理论"（Natural Selection Theory），这是一个葡萄酒运动，Anton 形容它"宛如自由派爵士乐，我们大胆地酿酒，不采取任何控制措施，一心致力于推翻葡萄酒乏味的现状"。如今，Anton 的黑皮诺称得上是澳大利亚最纯净的黑皮诺，总是具有超强的表现力，喷薄而出的野莓风味，既辛香又鲜美。这款酒所采用的果实来自 Patrick Sullivan 照看下的一处 3 公顷的阳光果园。Sullivan 本身也酿造了一系列出色的自然酒（如果你想尝点不一样的，可以去找找 *Haggis* 这款酒）。

* 从 2016 年份起便不再添加二氧化硫

Old World Winery, *Luminous*
加利福尼亚，美国
阿布修[1]

桑葚 | 马利西亚浆果 | 路易波士茶

Darek Trowbridge 是 Old World Winery 的主人，也是这里的酿酒师，还是一名博物馆策展人。多亏他的细心照料，加利福尼亚州仅存的阿布修葡萄藤才得以延续下来。他说："我致力于延续我们家族的种植历史和传统，当然也包括延续这个罕见的传统品种。"从 2008 年起，他便在家中拥有的这个位于俄罗斯河谷的八十年老藤葡萄园中劳作。Darek 出生于一个显赫的意大利裔索诺玛葡萄酒酒农家庭，从小便从祖父 Lino Martinelli 处习得了"旧世界"的酿酒方法。这款 *Luminous*（光彩）正如酒名一般炫目，明亮的樱桃香气令人耳目一新。（Darek 自制的刺梨冰激凌也很值得一试，在酒窖门口有售！）

* 不添加二氧化硫

Clos Saron, *Home Vineyard*
塞拉丘陵，加利福尼亚，美国
黑皮诺

甜石榴 | 桑葚 | 黄金烘焙咖啡[2]

Gideon Beinstock 和一些志同道合的朋友一同来到这个偏远的地方之后，就决定单飞开创自己的葡萄园了。这个葡萄园以他妻子的名字命名，叫作 Clos Saron。Gideon 说："Saron 是我的缪斯，她有丰富的葡萄种植经验，对于一切生命似乎都有魔力：狗、猫、鸡、兔子、蜜蜂，甚至人类婴儿。"Gideon 的酒庄里有一个玻璃边的橡木桶，他发现这个桶里的酵母似乎会随着月亮的周期而略有变化。自打有了这个发现，Gideon 便开始依循月亮的周期来种植葡萄。他的产量很小（仅 852 瓶），这款 2010 年份酒让我想起了 Gideon 本人——一个从不夸夸其谈的人。*Home Vineyard* 也从不虚张声势——你一旦开始尝试他们的作品，很快就会发现许多隐匿的美好之处。这款酒带有鲜花的曼妙香气，骨架宏大，口感紧致而内敛，风格相当含蓄。

* 不添加二氧化硫

Methode Sauvage, *Bates Ranch*
圣克鲁斯山脉（Santa Cruz Mountains），加利福尼亚，美国
品丽珠

脆李子 | 紫藤 | 覆盆子叶

我上次来旧金山的时候，与来自 The Punchdown（奥克兰一处不错的自然酒吧）的 D.C. Looney 碰了面，带走了这瓶好酒。我飞回英国的当天就开了它——这距离对"禁不起长途运输"的自然酒来说可是够远的。Methode Sauvage 认为，他们系列产品真正的意图是"找到全美国种植的加州品丽珠和白诗南的声音"。他们当然也办到了，在酒中仿佛能听见葡萄的吟唱。真是一款好酒。

* 不添加二氧化硫

1　阿布修（abouriou），一种起源于法国的红葡萄品种，19 世纪后期爆发葡萄根瘤蚜虫灾之后逐渐消失，如今在法国已十分罕见。因风味与佳美相似，在美国又被称为"早期勃艮第（early burgundy）"。

2　轻度烘焙，风味更甜，带有柑橘香。

Montebruno, *Pinot Noir, Eola-Amity Hills*
俄勒冈，美国
黑皮诺

野生覆盆子 | 百合 | 石头

Joseph Pedicini 在纽约长大，20 世纪 90 年代初期开始从事彼时才刚刚起步的精酿啤酒行业。某次他偶然因公前往俄勒冈，在那儿喝了不少黑皮诺。自此，他就放下了啤酒，执红酒为业。

"我们家是意大利移民——祖母来自巴里[1]，其他人来自那不勒斯外的地区——我自小就见他们在家里酿酒。我奶奶和父亲对我的影响很大，发酵工艺、园艺技巧，还有葡萄栽培，各个方面我都是从他们那儿学到的。"看看 Joseph 如今的作品，我想他的家人肯定会非常自豪，这款黑皮诺产自温度较低的地区，太平洋的海风让它充满了芬芳、纯净而美好的味道。

* 添加少量二氧化硫

饱满酒体的红酒
FULL-BODIED REDS

Castagna, *Genesis*
比奇沃斯（Beechworth），澳大利亚
西拉

黑莓 | 紫罗兰 | 八角

Castagna 的葡萄园海拔 500 米，位于澳大利亚阿尔卑斯山脚，历史名城维多利亚州的比奇沃斯就在 5 公里开外。它的主人是电影导演 Julian Castagna 及其妻子——制作人兼编剧 Carolann。葡萄园遵循朴门永续的原则来设计（详见 29—35 页《葡萄园：自然耕种法》），用他们的话来说，这是为了"将土地的效用最大化，同时尽量减少我们对土地的干预"。为了更好地实现这个目的，他们向 David Holmgren（朴门永续法的创始人之一）寻求帮助。David 帮助他们辨认了农场里一些关键的原生树木、储水点，以及其他相关的要素，并基于此构建了酒庄的最终布局。David 还为他们用扎捆茅草改成的酒庄提供了建议。十五年后，如今 Castagna 已经是一名极负盛名的酒农，他酿的酒就像他的酒庄一样，始终呈现出高度完美的品质。

* 添加少量二氧化硫

Coturri Winery, *Zinfandel*
索诺玛，美国
金粉黛

深色莓果 | 焦糖布蕾 | 丁香

常常被人误解的葡萄酒先锋 Tony Coturri，人称"金粉黛先生"。他专注于种植和酿造一种非常传统的加利福尼亚州金粉黛。Tony 的酒绝不内敛，反而具有令人惊叹的平衡感。代表了一种如今已近乎消失殆尽的美妙加利福尼亚风格。Tony 的作品既不是风味典型的大酒，也不是当下流行的那种伪欧洲风格的酒。他的酒十分真诚，是彻头彻尾的加利福尼亚风格。这款被严重低估的好酒风味美妙而复杂。一切美国的自然酒吧、商店或是稍微像样的推荐酒单，都绝不应该忽视 Tony 和他的作品，而他对美国葡萄酒的意义更不容小觑。

* 不添加二氧化硫

---

1 巴里（Bari），意大利东南部港口城市。

Bodegas El Viejo Almacén de Sauzal,
Huaso de Sauzal

马乌莱，智利

派斯

红醋栗┃黑无花果┃烟熏味

酿造这款酒的派斯葡萄来自生长在智利中部的老藤，其中某些老藤的历史甚至可以追溯到 1650 年，可以说在果实里浓缩了智利的历史——关于这种葡萄最近的重新兴起，可参见 228 页的 Clos Ouvert 部分。这些葡萄在种植时未经人工灌溉，根据酒农兼酿酒师 Renán Cancino 的说法，种植的方法是从西班牙征服者那里继承而来的。酒庄用马犁地，不采用任何合成肥料、农药杀虫剂或矿物燃料。酿造方式也十分传统——使用开口式的橡木发酵罐和旧橡木桶，酒液装瓶之前要在其中发酵一年。上市之前还要再在瓶中等待一年。装瓶和贴标都是手工完成的。

索萨尔城（Sauzal）本身由当地贵族家族于 1789 年建立，这个地区的大部分土地都为该家族所有。Renán 解释道："我祖母以前在贵族家庭当保姆。她是个单亲妈妈，带着女儿 Julia 和儿子 Bolivar，也就是我父亲。后来，为了带孩子，她辞去保姆的工作，在家给人缝缝补补，最后开了个自己的小店铺（Almacén），并在 1960 年成了一名裁缝。我爸便跟着我祖母一起在店里工作，直到 2010 年，那年的大地震毁掉了索萨尔的大部分地区。"

* 不添加二氧化硫

⊖ 左图与右图

Tony Coturri 的葡萄园和果实，摄于夏末。（详见前页）

轻盈酒体
LIGHT-BODIED WINES

中等酒体
MEDIUM-BODIED WINES

饱满酒体
FULL-BODIED WINES

半干型与甜型酒
OFF-DRY & SWEETS

甜酒是通过葡萄中天然的浓缩糖分酿成的。浓缩糖分的方式有很多，比如可以让葡萄在藤上自然晒干或收成后在架子上晾干；依靠贵腐菌这种天然生长的霉菌；在果实冰冻的情况下进行采摘——冰酒就是这样制成的。

不管用晒干、霉菌或冰冻的方式，结果都会获得大量的残糖，这就意味着酵母和其他生物有足够的食物供给。关键是如何稳定酒液的状态，从而防止在装瓶后发生二次发酵。最简单也最常见的方式是进行无菌过滤，或是添加大量二氧化硫。这两种方式都能去除可能造成酒液持续发酵的微生物生存环境。大部分传统的甜酒从业者也都采用这两种方式。

⏱ 上图

Collectif Anonyme 这个酒庄由一群前卫的同好们组成，它位于法国和西班牙边境处，酿造一系列甜红酒。其中包括几瓶班努斯（加强酒），以及一款名为 *Monstrum* 的天然甜酒（制造过程中不额外添加酒精）。

而自然酒的从业者就不会采用以上方法。他们有些人通过添加葡萄蒸馏酒的方式来停止发酵并加强酒液，这一过程被称为"加强终止发酵"（mutage），因为烈酒会迅速遏制微生物。班努斯、莫瑞（Maury）或者波特（Port）等地区的加强酒就是用这种方法酿造而成。在不添加二氧化硫的情况下，加强肯定是最安全也最简单的选择，但某些自然酒从业者也能在不用加强、不用添加物也不采用大量人工干预手段的情况下，实现停止发酵的目的。

用自然酒的方式酿造甜酒是一个漫长而缓慢的过程，需要极大的耐心。在不添加二氧化硫也不进行过滤的情况下，只有时间能让酒液稳定下来。Jean-François Chêne 曾对我说："葡萄采摘时需要达到18度甚至20度左右的潜在酒精度，这样就比较容易在不添加二氧化硫的情况下酿造出甜酒。如果你能够达到这样的条件，那么接下来的一切就交给时间来完成吧。酿造甜酒需要漫长的熟成培育期。可能是两年，也可能是三年，有时候甚至需要五年以上，视当年的表现而定。只要有充分的时间，酒液会自行达到平衡。 **2 3 5**

酒液中的酵母一直处于高糖的酒精环境，会逐渐挣扎着死去。"

酒液一旦装瓶，理论上还会进行再度发酵，产生出细小的气泡，不过这通常不会对香气造成什么影响。事实上，在某些情况下，这还能帮助提升酒液的轻盈度。这主要看饮用者的感受如何。一般说来，大家都习惯饮用消过毒的毫无生气的甜酒，喝到这珍珠般的小气泡难免感到惊讶。但由于绝大部分自然酒酒农都不会赶时间，如果必要的话，一瓶酒要等上好几年，到了适当的时间才面市。因此，在酒里喝到小气泡的概率是微乎其微的。2013 年时，Chêne 曾向我解释过："我现在还留着一部分 2005 年的酒，当时我觉得糖分不够平衡，所以要等上很长很长的时间，等酒液完全稳定才能面市。我不打算添加二氧化硫，也不打算进行过滤，但这就意味着我要经过漫长的等待。"

由于瓶中的酵母可能忽然开始大规模发酵，从而给瓶身造成巨大压力。安全起见，某些酒农会用啤酒盖给装在起泡酒瓶里的甜酒封盖。这种包装方式能够确保酒液经受住压力的考验。

这里列出的绝大部分酒都没有添加二氧化硫，其中某些经过轻微的过滤，还有一些是加强酒。它们都属于自然酒。其中那些完全不添加二氧化硫也未经加强的酒的确是品质超群——这些大自然的杰作在传统葡萄酒的领域被认为是无法实现的。这些酒通常都经过数年的熟成以保证稳定，展示出你所品尝过的最为深刻、复杂的香气和质地，余韵在口腔中久久不散。慢慢品尝这些极度珍稀的佳酿吧。

它们不一样

可别把甜型自然酒和自然甜酒（vin doux naturel，VDN）混为一谈。后者虽然名为"自然甜酒"，其实却是法国的一个法定产区认证名称，适用于所有法国葡萄酒，包括莫瑞和班努斯这种常见的加强酒。VDN可完全不是自然酒，在酿造过程中可以添加商用的酵母和二氧化硫之类的添加物。

⊙右上·左图

La Biancara 的葡萄正在酒窖中逐渐风干。这一传统的过程是浓缩葡萄内糖分的天然方法之一。

———

⊙右下图

位于南法的莫瑞和班努斯常用此类传统容器来酿造加强甜红酒。酒置于户外艳阳下，缓慢而自然地被阳光烘烤。

中等酒体的
半干型与甜型酒
MEDIUM-BODIED OFF-DRY & SWEETS

Esencia Rural, *De Sol a Sol Natural Dulce*
卡斯蒂利亚 - 拉曼恰 [1]，**西班牙**
阿依伦 [2]、**麝香葡萄**

肉桂 | 焦糖坚果 | 干橙皮

Esencia Rural 在马德里往南一小时车程处，占地 50 公顷。这里养羊以自制曼彻格奶酪 [3]，种着 Weleda 品牌使用的草本原料，用自种的大蒜腌制黑蒜，还培育着一系列葡萄品种，其中就有阿依伦葡萄——这是在西班牙最广为种植的葡萄品种，常用于酿造西班牙白兰地。这款酒用阿依伦葡萄干和麝香葡萄混酿而成，将其发酵并浸泡一百四十八天，然后倒入双耳细颈酒罐，再进行装瓶（过程中不添加二氧化硫，也不进行过滤）。每瓶酒含有 35 克残糖。

* 不添加二氧化硫

Bruno Allion, *Sonnemot*
卢瓦尔河，法国
长相思

焦糖布丁 | 青柠皮 | 无花果干

Bruno Allion 是一位被严重低估了的卢瓦尔河谷的优秀酒农（他还是一位出色的养蜂人和养鹅人！）

他很早就采用有机农耕法和生物动力法，他占地 13 公顷的农场在 20 世纪 90 年代就通过了认证。他所有的葡萄酒都不添加二氧化硫，并且已经如是坚持了十多年。每瓶酒都是手工贴标的。

Sonnemot 是一款晚收长相思，本年份有 60 克残糖。你肯定觉得它喝起来齁甜，但事实并非如此。它有明快的酸度和清爽的矿物质风味，与甜度达成了平衡——这是葡萄品种和 Bruno 出色耕种技巧的结晶。酒里带有青柠塔（lime tart）的香甜。

* 不添加二氧化硫

Le Clos de la Meslerie, *Vouvray*
卢瓦尔河，法国
白诗南

熟梨子 | 打火石 | 花粉

Peter Hahn 曾是个银行家，2002 年在卢瓦尔河开始自己的酿酒事业。他的 *Vouvray* 在橡木桶中发酵并经酒渣陈酿十二个月后，又在瓶中熟成六个月才面市。这是一款浓郁的半干型甜酒，极其纯净的矿物味令人口舌生津，还带有一丝湿羊毛味和烟熏味，称得上是一款酒体宏大的酒。

* 添加少量二氧化硫

Les Enfants Sauvages, *Muscat de Rivesaltes*
鲁西永，法国
麝香葡萄

土耳其软糖 | 百香果 | 葡萄

---

1 卡斯蒂利亚 - 拉曼恰（Castilla La Mancha），西班牙马德里南部的产区。
2 阿依伦（airén），一种起源于西班牙的古老的白葡萄品种，也是西班牙种植面积最广的白葡萄品种。
3 曼彻格奶酪（manchego cheese），西班牙的国宝级奶酪，由母绵羊奶制成。

德国夫妇 Carolin 和 Nikolaus Bantlin 出于对法国南部的热爱，在十多年前便放弃了城里的工作，举家搬往菲图[1]。最初始他们酿造麝香葡萄甜酒是为了满足自己家的饮酒需要，如今这款酒广受欢迎，供不应求。这是一款年轻的加强酒，初开瓶便呈现出葡萄的浓香，还带有异国水果的风味。

* 添加少量二氧化硫

La Coulée d'Ambrosia, *Douceur Angevine, Le Clos des Ortinières*
卢瓦尔河，法国
白诗南

蜜渍杏仁 | 枣 | 青柠

Jean-François Chêne 2005 年从父母手里继承了这个位于卢瓦尔河的占地 4 公顷的酒庄，此后便走上了有机耕种之路。他的 *Douceur Angevine* 由贵腐葡萄酿成，采摘时果实的潜在酒精度超过 20%。酒液在橡木桶中熟成长达五年之久，过程中不进行任何添加或干预。成品带有丰富的坚果与水果香气。

* 不添加二氧化硫

Domaine Saurigny, *S*
莱昂丘[2]，卢瓦尔河，法国
白诗南

蜂蜜 | 核桃酱 | 焦糖布丁

Jerome Saurigny 早年间在波尔多学习酿酒，之后

又在波美侯、圣 - 爱美隆、普瑟冈（Puisseguin）等产区担任过酒窖经理。后来，因为受到 Les Griottes 及其不经人工干预的产品的启发，他便在卢瓦尔河定居了下来。这款酒如蜜糖般浓稠，质地惊人，有点像蜜汁，甚至有点像托卡依精华酒[3]。喝起来有核桃浆和焦糖布丁的风味，还具有百香果的酸度。

* 不添加二氧化硫

饱满酒体的半干型与甜型酒
FULL-BODIED OFF-DRY & SWEETS

Clot de l'Origine, *Maury*
鲁西永，法国
黑歌海娜、少量灰歌海娜、白歌海娜、玛卡贝奥、佳丽酿

梅子干 | 黑莓 | 摩卡

这个位于法国南部的占地约 10 公顷的酒庄由 Marc Barriot 创立于 2004 年，横跨了阿格利河谷的五个村庄。每个村庄的土壤结构与微气候条件都不尽相同：卡尔斯、莫瑞、埃斯塔格（Estagel）、蒙特内（Montner）和拉图德弗朗斯（Latour de France）[4]。这款由白歌海娜酿成的加强酒富有单宁味、浓郁、直接、纯净，尝起来有些新鲜葡萄和黑莓的味道。这绝大部分归功于 Marc 的低产量（每公顷产出的葡萄仅酿造 800 升酒）以及他所使用的

---

1 菲图（Fitou）是法国南部朗格多克 - 鲁西永产区的一个核心产区。
2 莱昂丘（Côteaux du Layon），卢瓦尔河产区下属的 AOC（原产地命名控制区），以甜白葡萄酒闻名。
3 托卡依精华酒（Tokaj eszencia）是托卡依甜酒的最高等级，是贵腐葡萄的自流汁，即葡萄在不经外力挤压的情况下，由葡萄自身的重量自然地挤出汁液。产量非常稀少，残糖量通常每升 450 克以上，且基本不含酒精（约 3%）。
4 这几处均为法国最南部东比利牛斯省的市镇。

⏱ 上图

Vinyer de la Ruca 所有的酒瓶都是人工吹制的，每个都长得不一样。

果实加强法——这是一种传统的酿造优质加强酒的方法。Eau de vie（葡萄蒸馏烈酒）被倒入放有葡萄果实的橡木桶中，以保留住葡萄最原始的风味。

* 添加少量二氧化硫

Vinyer de la Ruca

班努斯，鲁西永，法国

歌海娜

可可豆丨佛手柑丨黑桑葚

正如 Manuel di Vecchi Staraz 在其网站上所写的那样："全手工制作。"这位加泰罗尼亚酿酒师每年

只出产 1000 瓶酒（甚至连每一只酒瓶都是人工吹制的），酿造过程中不采用任何需要电力或石油作为动力的机械设备——Manuel 写道："一切会转动的、滑行的，会干涉或加快酿酒过程的，都不使用。"酿造这款甜酒的葡萄产自西班牙与法国边境处班努斯产区陡坡上五十年树龄的老藤。酒液芬芳宜人，充满花香和浓郁的深色水果香气。

* 不添加二氧化硫

AmByth Estate, *Passito*

加利福尼亚，美国

桑娇维塞、西拉

莫利洛黑樱桃丨葡萄干丨薄荷

威尔士人 Phillip Hart 与其妻子美国人 Mary

Morwood Hart 共同拥有这座占地 8 公顷的橄榄园及葡萄园。这里是帕索罗布尔斯地区第一座也是唯一的获得生物动力法认证的酒庄。这款 *Passito*（帕塞托酒[1]）由桑娇维塞和西拉葡萄混酿而成，葡萄在酿造前是挂在帐篷内的晾衣绳上晾干的！酒液充满明显的葡萄干风味，并散发出薄荷般清新的气息。

* 不添加二氧化硫

| **La Biancara**, *Recioto della Gambellara*[2]
| 威尼托，意大利
| 卡尔卡耐卡

藏红花 | 山核桃 | 多香果

酒庄的主人 Angiolino Maule 也是意大利天然葡萄酒酒农协会的主席。这款酒十分耐人寻味，收成后的卡尔卡耐卡葡萄在架上风干，然后经过长期的发酵和浸渍，约三年后再进行装瓶。风味复杂而甘美，有咸味焦糖的味道，酒的酸度带来冰爽的新鲜感，部分带皮浸渍则带来少许单宁的质地。是一款卓越的美酒。

* 不添加二氧化硫

| **Marenas**, *Asoleo*
| 蒙特亚[3]，科尔多瓦（Cordoba），西班牙
| 麝香葡萄

杏子酱 | 香草荚 | 葡萄干

位于西班牙南部的这个小巧玲珑的葡萄园里竟然种

有 200 株葡萄藤。每年 7 月，正是香气扑鼻的麝香葡萄收成之时。葡萄采摘后在阳光下暴晒八天（因而得名 *Asoleo*，意为"晒干"），再置于有二百年历史的橡木桶中进行发酵。成品丰润而美味，甜如蜜糖，残糖量高达 400 克，但酒精度仅有 8%。滋味妙不可言。

* 不添加二氧化硫

| **Ledogar**, *Mourvèdre Vendange Tardive*
| 朗格多克，法国
| 慕合怀特

香菜 | 咖喱叶 | 棕榈粗红糖

Xavier 和 Mathieu Ledogar 是一对兄弟酿酒师——他们的曾祖父和曾外祖父都是酒农，祖父 Pierre 和父亲 André 也继承了衣钵。这款晚收慕合怀特贵腐甜酒层次丰富，后味绵长，其在室外进行发酵和熟成的时间长达十年。每瓶含 80 克残糖，酒精度 17%——都是通过自然手法实现的——可谓惊人。酒液甜度极高，带有咖啡香气。这款酒请务必单独饮用，拿来配餐未免屈才了。

* 不添加二氧化硫

| **La Cruz de Comal**, *Falstaff's Sack*
| 山丘郡（Texas Hill Country），美国
| 白布瓦[4]

路易波士茶 | 李子干 | 苦橙果酱

---

1 帕塞托酒是用推迟采摘的葡萄酿制而成的甜葡萄酒，酿酒葡萄需要经过风干处理。
2 一种甜白葡萄酒，用生长在威尼托甘贝拉拉（Gambellara）产区的葡萄酿造而成。
3 蒙特亚（Montilla），西班牙南部产区，以白葡萄酒闻名世界。
4 白布瓦（blanc du bois），白葡萄品种，常见于美国东南部，得名于法国著名的葡萄种植者兼酿酒师 Émile Dubois。

La Cruz de Comal 位于得克萨斯州山丘郡，在奥斯丁[1]和圣安东尼奥[2]之间。这里最初是著名的加利福尼亚州自然酒从业者 Tony Coturri（详见 147—149 页《谈苹果和葡萄》）及其终身挚友及拍档、葡萄酒爱好者 Lewis Dickson 所共同经营的酒庄。Lewis 在石灰岩土壤上种植十分耐寒的美国杂交葡萄品种——黑西班牙[3]和白布瓦（后者相当罕见，目前仅存 40 公顷）。*Falstaff's Sack*（福斯塔夫的麻袋）是一款奇特的强化酒，其古怪之处引人遐思，的确是一款好酒。

* 不添加二氧化硫

Viña Enebro, *Vino Meditación*
穆尔西亚[4]，西班牙
莫纳斯特雷尔

黑醋栗甜酒酱 | 李子干 | 巧克力

这个小小的家庭农场里种的东西可真不少：杏、橄榄、其他各种水果，还有 5.5 公顷的葡萄藤。这里的降雨量极低，Juan Pascual 只能种些耐旱的本地葡萄，比如莫纳斯特雷尔（也就是慕合怀特）、佛卡拉（forcallat，即阿依伦），还有阿伦齐（valencí）。酒庄位于穆尔西亚的布拉斯产区（Bullas），以出产大个儿高单宁度（干）的红葡萄而闻名。Juan 坚持用自己的方式酿酒，这款鲜美的甜酒就是他的作品。就像酿造其他干型口感的葡萄酒一样，他们家的葡萄也在每年 9 月收获，然后在室内风干六周，以聚集果实中的糖分。接下来，要压榨整串葡萄（包括果皮果梗等在内），果汁带皮浸渍三个月后，转移到旧的法国橡木桶中，熟成四年后方可装瓶。此酒口感顺滑，味道浓郁，单宁饱满而成熟，骨架和平衡的表现都很优秀。成熟水果的香气令人惊叹——果酱和风干水果的味道，还有无花果干的香味——呈现出一种与众不同的甜味。尽管从技术上说，把这款酒归到这个品类可能略有不妥，但我还是觉得把它跟其他那些适合餐后饮用的酒一起放在这个板块比较合适。这是一款特别适合你在单独沉思时慢慢品味的酒（酒也得名于此[5]）。它本身就是一道珍馐。

* 不添加二氧化硫

⊖ 右图

在本章介绍的酒庄 / 酒农中，仅有少部分偶尔举办面向公众的品鉴活动，绝大部分因为生产规模过小，并没有足够的资源可以保持向公众开放。因此如果你想上门拜访，请务必提前致电或发送邮件以确认他们可以接待。

---

1   奥斯丁（Austin），美国得克萨斯州首府。
2   圣安东尼奥（San Antonio），美国得克萨斯州第二大城市，位于得克萨斯州中南部。
3   黑西班牙（black Spanish）又称乐诺瓦（lenoir），是原产于美国的杂交红葡萄品种。
4   穆尔西亚（Murcia），西班牙东南部城市，穆尔西亚省的首府。
5   *Vino Meditación* 西班牙语意为"冥想酒"。

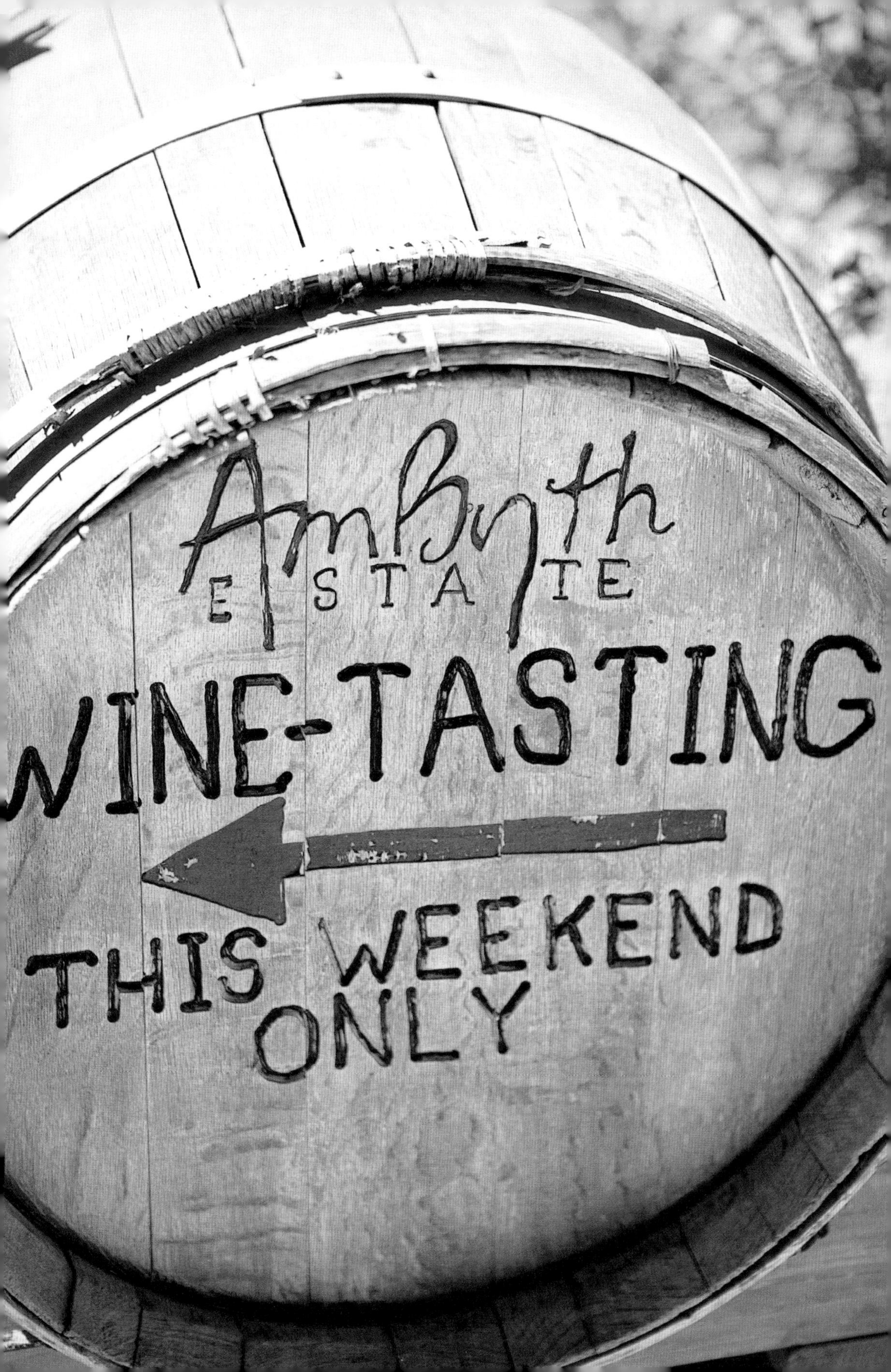
AmByth
ESTATE
WINE-TASTING
THIS WEEKEND
ONLY

附录

术语表（拼音顺序）

波尔多混合剂（bordeaux mixture）

硫酸铜、二氧化硫、石灰、水混合而成的一种灭真菌剂。

澄清（fining）

使酒液中悬浮的微小物质（如单宁、蛋白质等）加速沉淀。可采用不同的介质来完成澄清，包括蛋白、牛奶、鱼类衍生物、黏土等。

醋酸菌（acetic acid bacteria，AAB）

一种细菌，在发酵过程中使乙醇发生氧化并转变为醋酸。醋的产生就是由此种细菌引起的。

单宁（tannin）

一种鞣酸类物质。在葡萄果梗、果籽和果皮中天然存在，为葡萄酒带来涩味（类似浓茶）。在酿酒过程中也可能从橡木桶中萃取出单宁。

迪那哈陶罐（tinaja）

用于葡萄酒发酵和熟成的一种西班牙陶土罐。

二苯乙烯（stilbene）

葡萄酒中天然存在的抗氧化剂。白藜芦醇就是一种二苯乙烯。

二次发酵（re-fermentation）

未发酵的残糖在瓶中再次开始发酵。

二氧化硫（sulfites）

一种广泛使用的葡萄酒添加物，具有抗氧化和抗菌作用。

法定产区（appellation）

在法国，受法律保护的某个地域内所出产的葡萄酒被称为 AOC/AOP（Appellation d'Origine Contrôlée/Protégée）。在本书中，有时会以这些术语来统称法定产区，例如在意大利等同于法国 AOC 的法定产区被称为 DOC（Denominacion de Origine Controllata）。

公顷（hectare）

10000 平方米。

贵腐菌（noble rot，botrytis cinerea）

长在葡萄上的一种良性霉菌，能浓缩葡萄果实中的糖分。贵腐菌还会给甜酒带来复杂的风味。

红汁葡萄品种（teinturier grape variety）

字面意思为"染色葡萄"。红色果肉的葡萄品种可酿出色泽更深的葡萄酒。

菌落形成单位（colony-forming units，CFU）

微生物学术语，用来测量细菌的大小或真菌数量的一种单位。

加强（mutage）

也被称为"加烈"（fortification）。将烈酒加入葡萄汁中，使发酵过程中止，从而在酒液中留下天然的糖分（比如波特酒的酿造就采用了此种工艺）。

果粒加强（mutage sur grain）

同上。不同之处是，烈酒被加入发酵中的葡萄原液和葡萄果实中，而不仅仅是加入葡萄汁中。

加糖（chaptalization）

在葡萄汁中加糖，人为地增加酒精浓度。

浸渍（maceration）

葡萄与葡萄汁浸泡在一起。

酒花酵母（flor）

在葡萄酒熟成过程中产生于酒液表面的一层酵母，在西班牙雪利酒和汝拉黄酒的酿造过程中产生着重要的作用。

酒精发酵（alcoholic fermentation）

酵母菌将糖转化为酒精与二氧化碳的过程。

酒农（阳性 vigneron，阴性 vigneronne）

酿酒葡萄种植人。

酒商（négociant）

生产者自行采购葡萄或葡萄酒，用自己的品牌贴标装瓶。

酒石酸结晶（tartrate crystals）

也称酒石，是酒石酸中的钾酸盐，又被称为葡萄酒钻石。

酒香酵母（brettanomyces）

一种酵母菌株。当酒液中存在大量此类菌株时，会主导葡萄酒的风味，使酒液产生强烈的农场或萨拉米香肠的气息，被视为葡萄酒的一种缺陷。

酒渣（lees）

残留在酒桶 / 酒瓶底部的死酵母菌与其他物质在发酵过程中生成的沉淀物。

奎弗瑞陶罐（qvevri 或 kvevri）

英文拼写中二者皆可。这是格鲁吉亚的一种大型陶罐，在当地传统酿酒过程中，通常埋在地下，酒液在罐中进行发酵和熟成。

冷冻提取（cryoextraction）

在压榨之前对葡萄进行冷冻。果实中被冻住的水分在压榨过程中会被移除，因此葡萄汁中的糖分含量会增加。

绿色革命（Green Revolution）

20 世纪中叶发生的农业革命，通过技术的发展和采用高产品种、杀虫剂与合成肥料等手段，促使全球范围内的农作物产量获得了大幅提升。

木桶（botte，复数 botti）

意大利语，意为大酒桶或木桶。

逆向渗透（reverse osmosis）

一种相当复杂且严格的高科技过滤方式，能够去除酒液中不需要的挥发酸、水分、酒精、烟味等。

年份差异（vintage variation）

每年各异的葡萄生长条件。

黏着性（ropiness）

在熟成过程中或装瓶后，葡萄酒中的细菌偶尔会使酒液产生油脂。

酿酒师（enologist）

葡萄酒酿制术研究者。

农学家（agronomist）

土壤管理和作物生产方面的农业专家。

培养（élevage）

法语，指在装瓶之前照料酒液的过程。

葡萄酒种植学（viniculture）

与葡萄种植相关的科学。

葡萄原液 / 葡萄醪（must）

新鲜压榨出的葡萄汁。

朴门农艺（permaculture）

一种可持续的农耕法，旨在打造自给自足的生态环境。

乳酸发酵（malolactic fermentation 或 malo、mlf）

葡萄中天然存在的苹果酸在酿酒过程中被转化为乳酸。通常发生在酒精发酵过程之中或之后，偶尔也发生在酒精发酵之前 。

乳酸菌（lactic acid bacteria，LAB）

这种细菌在葡萄酒发酵过程中促成了乳酸发酵的发生，它们能将尖锐的苹果酸转化为较为柔和的乳酸。

生物动力农法（biodynamic farming）

一种非常传统而全面的农耕法，由 Rudolf Steiner 创立于 20 世纪 20 年代。

鼠臭味（mousiness）

酒液产生的腐坏气息，闻起来像花生酱或酸掉的牛奶。

特酿（cuvée）

法语中对某一"批次"葡萄酒的统称，可以是混酿，也可以是单一葡萄品种酿造的酒。

吐泥（disgorgement）

在酿造某些起泡酒的最终阶段，对沉淀物进行去除。

无菌过滤（sterile-filtration）

用孔径极小（小至 0.45 微米）的膜来滤除酒液中的酵母菌和细菌。

氧化（oxidation）

葡萄酒或葡萄酒原液由于接触到过多氧气，香气遭到破坏，产生明显的坚果或焦糖味。

原生酵母菌（indigenous yeast）

天然存在于葡萄园和酿酒厂环境里的酵母菌。

直接压榨（pressurage direct）

葡萄直接榨汁，果皮不参与发酵。

紫米加（Mega Purple）

一种浓缩葡萄汁，在酿酒过程中可用来增添酒液的色泽和甜味。

推荐酒农（英文字母顺序）

下面这张清单中的酒农，据我了解，都采用有机耕种或生物动力法耕种，并且采用低干预酿酒法。其中收录的某些酒农我在本书第三部分也推荐过他们的产品，我会列出相应的页码，以便读者参考。这张清单中的大部分酒农都是纯粹的自然酒酒农，酿造过程中不采用任何的添加剂。小部分会使用二氧化硫，某些特定酒款中的二氧化硫含量可能会超过 50 毫克 / 升。因此请务必与酒农 / 酿酒师单独联系以获取更详尽的资料。制作这张清单并非为了集天下自然酒酒农之大成（如果漏掉了哪位酒农，我深感抱歉），而是为各位进一步品酒提供一系列有趣的选择。（括号内为本书中出现相关酒农的页码。）

阿根廷

Vincent Wallard 文森·瓦拉德（227）

澳大利亚

Bindi Wines 宾迪酒庄

Bobar 博巴尔酒庄

Castagna 卡斯塔涅酒庄（231）

Cobaw Ridge 科宝·瑞吉酒庄

Domaine Lucci 卢齐酒庄（206）

Jasper Hill 贾斯帕山酒庄

Jauma 卓玛酒庄

Domaine Lucy Margaux 露西·玛歌酒庄（229）

Luke Lambert Wine 卢克·兰伯特酒庄

Mill About Vineyard 兜圈子酒庄

Ochota Barrels 欧楚塔酒庄

Patrick Sullivan 帕特里克·苏利文

Shobbrook Wines 肖布鲁克酒庄（228）

SI Vintners SI 酒商（187）

奥地利

Georgium 乔治姆

Gut Oggau 古特·奥高酒庄（181, 205）

Matthias Warnung 马蒂亚斯·瓦努格

Meinklang 梅克朗

Roland Tauss 罗兰·陶斯酒庄（182）

Schmelzer's Weingut 施莫泽酒庄

Strohmeier 斯特罗迈耶（206）

Tschida Illmitz 施达·伊尔米兹

Weinbau Michael Wenzel 麦克·温泽尔酒庄

Weingut Birgit Braunstein 布里吉特·布劳斯特恩酒庄

Weingut Claus Preisinger 克劳斯·普雷辛格酒庄

Weingut In Glanz (Andreas Tscheppe) 光泽酒庄（安德列斯·切佩）

Weingut Judith Beck 朱迪斯·贝克酒庄

Weingut Karl Schnabel 卡尔·施耐贝酒庄（223）

Weingut Sepp Muster 赛普·穆斯特酒庄（182）

Weingut MG vom SOL 来自索尔的 MG 酒庄

Weingut Werlitsch 维尔利施酒庄（183）

巴西

Dominio Vicari 维卡利酒庄（188）

智利

Bodegas El Viejo Almacén de Sauzal 索萨尔的老铺酒庄（232）

Cacique Maravilla 神奇的酋长酒庄

Clos Ouvert 开放的酒庄（228）

Roberto Henríquez 罗伯托·亨利克斯

Rogue Vine 红酒酒庄

Vida Cycle 生命周期酒庄

Viña Tipaume 提帕姆葡萄园

Yumbel Estación 翁贝尔站点酒庄

克罗地亚

Giorgio Clai 乔治奥·克雷

捷克

Dobrá Vinice 多普拉葡萄园

Dva Duby 两棵橡树酒庄

Milan Nestarec 米兰·内斯塔雷克酒庄

Stawek (Richard Stávek) 斯塔维克

法国

> 阿尔萨斯

Beck-Hartweg 贝克 - 哈特韦格

Bruno Schueller 布鲁诺·舒勒

Catherine Riss 凯瑟琳·芮斯

Christian Binner 克里斯蒂安·比内尔

Domaine Julien Meyer 朱利安·梅尔酒庄（172）

Domaine Zind-Humbrecht 金德·鸿布列什酒庄

Laurent Bannwarth 罗兰·班沃兹酒庄（198）

Pierre Frick 皮埃尔·弗里克（212）

Vins d'Alsace Rietsch 阿尔萨斯里奇酒庄（164）

Vins Hausherr 豪舍尔酒庄

> 阿尔代什

Andrea Calek 安德烈·卡列克（173）

Daniel Sage 丹尼尔·萨格

Domaine du Mazel 马泽尔酒庄

Domaine Jérôme Jouret 杰罗姆·尤莱特酒庄

Domaine les Deux Terres 两块田酒庄

Grégory Guillaume 格里高利·纪尧姆（173）

Le Raisin et l'Ange (Gilles & Antonin Azzoni) 葡萄与天使酒庄（吉勒与安东尼·安佐尼）

Mas de l'Escarida 艾斯卡里达农场

Ozil Frangins 欧泽尔·弗兰金斯

Sylvain Bock 西尔维恩·伯克

> 奥弗涅

Domaine la Bohème (Patrick Bouju) 波希米亚酒庄（帕特里克·布吉）

Domaine No Control 无控制酒庄

François Dhumes 弗朗斯西·杜姆斯（213）

Jean Maupertuis 让·莫佩尔蒂

Marie & Vincent Tricot 玛丽与文森·崔各特（175）

Pierre Beauger 皮埃尔·博格

> 博若莱

Anthony Thevenet 安东尼·泰威内

Château Cambon 康邦酒庄

Christian Ducroux 克里斯蒂安·杜克鲁斯（213）

Christophe Pacalet 克里斯托弗·帕切勒

Damien Coquelet 达米安·科切拉

Domaine Clotaire Michal 克洛塔尔·米歇尔酒庄

Domaine de Botheland 博特兰酒庄

Domaine Jean Foillard 让·弗伊拉德酒庄

Domaine Jean-Claude Lapalu 让 - 克劳德·拉帕卢酒庄（214）

Domaine Joseph Chamonard 约瑟夫·沙莫纳酒庄

Domaine Karim Vionnet 卡林·维欧内酒庄

Domaine Leonis 莱诺瓦酒庄

Domaine Marcel Lapierre 马塞尔·拉皮尔酒庄

Domaine Michel Guignier 米歇尔·吉聂尔酒庄

Domaine Philippe Jambon 菲利普·让邦酒庄（173）

France Gonzalvez 弗兰斯·冈萨维斯

Georges Descombes 乔治·德斯康博思

Guy Breton 盖·布列顿（134, 137, 214）

Jean-Paul & Charly Thévenet 让 - 保罗与夏利·泰弗内

Julie Balagny 朱利·巴拉尼（214）

Julien Sunier 朱利安·苏尼尔（213）

Le Grain de Sénevé (Hervé Ravera) 芥菜种酒庄
（何芙·拉维拉）

Lilian & Sophie Bauchet 丽丽安与苏菲·包谢特

Yvon Métras 伊冯·梅特拉（137, 214）

波尔多 / 法国西南

Château La Haie 篱笆酒庄

Château Lamery 拉美里酒庄

Château Lassolle 拉索勒酒庄

Château Lestignac 莱斯蒂尼亚克酒庄

Château le Puy 勒庞酒庄（216）

Château Massereau 马塞洛酒庄

Château Meylet 梅莱特酒庄

Château Mirebeau 米雷博酒庄

Château Valrose 瓦尔罗斯酒庄

Closeries des Moussis 慕斯酒庄

Domaine Coquelicot 罂粟酒庄

Domaine Cosse Maisonneuve 柯森·梅森纳夫
酒庄

Domaine des Causse Marines 高斯马林斯酒庄

Domaine du Pech 派克酒庄

Domaine du Rousset Peyraguey 罗塞特·派拉格
酒庄

Domaine Guirardel 格拉戴尔酒庄

Domaine l'Originel (Simon Busser) 起源酒庄

Domaine Léandre-Chevalier 林德尔 - 沙瓦里尔
酒庄

Domaine Plageoles 普拉格奥斯酒庄

Domaine Rols (Patrick Rols) 罗斯酒庄

Elian Da Ros 艾里安·达·罗斯

L'Ostal (Louis Pérot) 罗斯塔尔

Les Trois Petiotes 三个宠物酒庄

Mas del Périé 马斯·德·佩里

Nicolas Carmarans 尼古拉斯·卡玛兰

勃艮第

Alice and Olivier de Moor 来自莫尔的爱丽丝与奥
利维尔

Catherine and Gilles Vergé 凯瑟琳和吉勒的酒庄
（174）

Château de Béru 贝鲁酒庄

Château de Bel Avenir/P-U-R(also Rhône) 前程
似锦酒庄

Clos du Moulin aux Moines 僧侣磨坊酒庄

Domaine Alexandre Jouveaux 亚历山大·约维尔
酒庄

Domaine Ballorin & F 巴罗林和 F 酒庄

Domaine Chandon de Briailles 布里埃尔的夏桐
酒庄

Domaine de la Cadette 妹妹酒庄

Domaine de la Romanée Conti 罗曼尼康帝酒庄

Domaine de Pattes Loup 狼爪酒庄

Domaine Derain 德兰酒庄

Domaine des Rouges Queues 红尾巴酒庄

Domaine des Vignes du Maynes 梅内斯葡萄园

Domaine Emmanuel Giboulot 伊曼纽尔·吉布洛
酒庄

Domaine Fanny Sabre 范尼·萨波勒酒庄

Domaine Guillemot-Michel 吉尔莫特·米歇尔
酒庄

Domaine Guillot-Broux 吉略特·布鲁克斯酒庄

Domaine Philippe Pacalet 菲利普·帕切勒酒庄

Domaine Philippe Valette 菲利普·瓦雷特酒庄

Domaine Pierre André 皮埃尔·安德烈酒庄

Domaine Prieuré Roch 皮埃尔·罗切酒庄

Domaine Sauveterre 索弗泰尔酒庄

Domaine Sylvain Pataille 西尔维·帕莱耶酒庄

Domaine Trapet 特拉佩特酒庄

François Ecot 弗兰西斯·艾克特

Frédéric Cossard 弗雷德里克·科萨

Jean-Claude Rateau 让 - 克劳德·拉图

Jean-Jacques Morel 让 - 雅克·莫莱尔

La Maison Romane 罗曼尼酒庄（214）

Les Champs de l'Abbaye 修道院的田野酒庄

Pierre Boyat 皮埃尔·波耶特酒庄（172）

Recrue des Sens RDS 酒庄（172）

Sarnin-Berrux 萨宁 - 贝鲁

Sextant 六分仪酒庄（194）

> 比热[1]

Domaine du Perron 佩隆酒庄

Domaine Yves Duport 伊夫·杜伯特酒庄

> 香槟

Agrapart & Fils 阿格拉帕特父子

Augustin 奥古斯丁

Beaufort 博夫特

Benoît Déhu 贝诺·德胡

Benoît Lahaye 贝诺·拉海耶

Bourgeois-Diaz 博格斯 - 迪亚兹

Cédric Bouchard 塞德里克·布查德

Chartogne-Taillet 查托涅 - 泰莱特

David Léclapart 大卫·雷克拉帕

Domaine Jacques Selosse (Anselme Selosse)
雅克·瑟罗斯酒庄（安塞尔姆·瑟罗斯）（9）

Emmanuel Brochet 埃马努尔·布洛奇

Fleury 弗洛瑞

Francis Boulard 弗兰西斯·布拉德

Françoise Bedel 弗兰西斯·贝德尔

Frank Pascal 弗兰克·帕斯卡

Jacques Lassaigne 雅克·拉塞恩

Jérôme Blin 杰罗姆·布林

La Closerie 小田地酒庄

Laherte Frères 拉希特·费雷斯

Larmandier-Bernier 拉曼迪尔 - 贝尼尔

Laurent Bénard 罗兰·贝纳德

Lelarge-Pugeot 勒拉格 - 普杰特

Marguet 马尔盖

Marie Courtin 玛丽·柯亭

Piollot Père et Fils 皮埃罗特·皮埃尔父子

Ruppert-Leroy 鲁伯特 - 乐华

Val-Frison 瓦尔 - 弗里森

Vincent Couche 文森·库切

Vincent Laval 文森·拉瓦尔

Vouette & Sorbée 瓦特与索贝

> 科西嘉

Antoine Arena 安东尼·阿列那

Comte Abbatucci 阿巴图齐伯爵

Nicolas Mariotti Bindi 尼古拉·马里奥蒂·宾迪

> 汝拉

Domaine de la Borde 博德酒庄

Domaine de l'Octavin 奥克塔文酒庄

Domaine de la Pinte 品脱酒庄

Domaine de la Tournelle 杜奈尔酒庄

Domaine des Bodines 伯丁斯酒庄

Domaine des Cavarodes 卡瓦罗德斯酒庄

Domaine Didier Grappe 迪迪埃·格拉普酒庄

Domaine Houillon 乌永酒庄（173）

Domaine Jean-François Ganevat 让 - 弗朗索瓦·加内瓦特酒庄

Domaine Julien Labet 朱利安·兰伯特酒庄

Domaine Philippe Bornard 菲利普·伯纳德酒庄

---

1 比热（Bugey），位于里昂和日内瓦之间，分为两个子区域——上比热（Haut-Bugey）和下比热（Bas-Bugey）。

Domaine Tissot 蒂索酒庄

Granges Paquenesses 葛兰吉丝·帕克内斯

Peggy Buronfosse 佩姬·弗戎夫斯

› 朗格多克

Catherine Bernard 凯瑟琳·伯纳德酒庄

Château de Gaure 高尔酒庄

Château La Baronne 巴戎酒庄

Clos du Gravillas 格拉维拉斯酒庄

Clos Fantine 芳汀园酒庄（214）

Domaine Beauthorey 贝托利酒庄

Domaine Benjamin Taillandier 本杰明·泰兰迪尔
酒庄

Domaine Binet-Jacquet 比内特 - 贾克酒庄

Domaine Bories Jefferies 波利斯·杰弗瑞酒庄

Domaine d'Aupilhac 奥皮哈兹酒庄

Domaine de Courbissac 库尔比萨兹酒庄

Domaine de l'Escarpolette 秋千酒庄

Domaine de Rapatel 拉帕戴尔酒庄

Domaine des 2 Ânes 双驴酒庄

Domaine des Dimanches (Emile Hérédia) 安息
日酒庄（埃米尔·埃雷迪亚）

Domaine Fond Cyprès 柏树根酒庄（204）

Domaine Fontedicto 方特迪托酒庄（216）

Domaine Jean-Baptiste Senat 让 - 巴蒂斯特·塞
纳特酒庄

Domaine La Marèle 马勒酒庄

Domaine Léon Barral 里昂·巴拉尔酒庄（176）

Domaine Les Clos Perdus 失落农田酒庄

Domaine Les Hautes Terres 高地酒庄

Domaine Lous Grezes 鲁斯·格列兹酒庄

Domaine Ludovic Engelvin 卢多维奇·恩格尔文
酒庄

Domaine Mas Lau 玛斯·劳酒庄

Domaine Maxime Magnon 马克西姆·玛格侬
酒庄

Domaine Mouressipe 穆雷西佩酒庄

Domaine Pechigo 佩奇戈酒庄

Domaine Sainte Croix 圣十字酒庄

Domaine Thierry Navarre 蒂埃里·纳瓦拉酒庄

Domaine Thuronis 图罗尼斯酒庄

Domaine Zélige Caravent 泽利格·卡拉文特酒庄

Es d'Aqui 艾达基

Julien Peyras 朱利安·佩拉斯（205）

L'Etoile du Matin 晨星酒庄

La Fontude 丰德酒庄

La Grain Sauvage 野生庄稼酒庄

La Grange d'Aïn 艾因的谷仓

La Sorga 索加酒庄（217）

Ledogar 勒多加酒庄（241）

Le Loup Blanc 白狼酒庄

Le Pelut 毛茸茸酒庄

Le Petit Domaine 小酒庄

Le Petit Domaine de Gimios 吉米奥斯的小酒庄
（175）

Le Temps des Cerises 樱桃时节酒庄

Les Herbes Folles 疯狂野草酒庄

Les Sabots d'Hélène 海伦的木屐酒庄

Les Vignes d'Olivier 橄榄葡萄园

Mas Angel 天使农场

Mas Coutelou 库特鲁农场

Mas Nicot 尼科特农场（204）

Mas Zenitude 泽尼图农场（204）

Mylène Bru 梅林·布鲁

Opi d'Aqui 奥皮达基

Rémi Poujol 雷米·普尤尔

Riberach 利贝拉赫

› 卢瓦尔河

A la Vôtre! 干杯酒庄

Benoit Courault 贝诺特·库若特

Bruno Allion 布鲁诺·阿里昂（238）

Capriades 卡普里亚德斯酒庄（165）

Cave Sylvain Martinez 西维恩·马丁内兹酒庄

Château du Perron/Le Grand Cléré 佩隆堡酒庄

Château Tour Grise 灰塔古堡酒庄

Clos Cristal 水晶酒庄

Clos du Tue-Boeuf (Thierry Puzelat) 图布夫酒庄（蒂埃里·普泽拉特）

Côme Isambert 塞姆·伊萨姆贝尔特

Cyrille Le Moing 西里尔·勒·莫因

Damien Bureau 布洛酒庄

Damien Laureau 劳罗酒庄

Didier Chaffardon 迪迪埃·查法顿酒庄

Domaine Alexandre Bain 亚历山大·贝恩酒庄（176）

Domaine Breton 布列顿酒庄（163）

Domaine Chahut et Prodiges 奇迹之舞酒庄

Domaine Cousin-Leduc 雷杜克兄弟酒庄（212）

Domaine de Bel-Air (Joël Courtault) 贝莱尔酒庄（约尔·考特）

Domaine de Belle Vue 贝尔大街酒庄

Domaine de l'Ecu 盾牌酒庄

Domaine de la Sénéchalière 塞内查理埃酒庄

Domaine de Veilloux 维卢酒庄

Domaine des Maisons Brûlées 布鲁列宫酒庄

Domaine du Collier 柯里尔的酒庄

Domaine du Clos de l'Elu 天选酒庄

Domaine du Moulin (Hervé Villemade) 磨坊酒庄（埃尔韦·维勒梅德）

Domaine le Raisin à Plume 李子干酒庄

Domaine Etienne & Sébastien Riffault 艾蒂安与塞巴斯蒂安·里福酒庄（175）

Domaine Frantz Saumon 弗兰兹·萨蒙酒庄

Domaine Gérard Marula 杰拉德·马鲁拉酒庄

Domaine Guiberteau 吉博尔特酒庄

Domaine Le Batossay (Baptiste Cousin) 巴托塞酒庄（巴蒂斯特·库辛）

Domaine Le Briseau 布里索酒庄

Domaine Les Chesnaies (Béatrice & Pascal Lambert) 切耐酒庄（比阿特丽斯与帕斯卡·兰伯特）

Domaine Les Roches 岩石酒庄

Domaine Lise et Bertrand Jousset 里斯与博坦德·侯赛特酒庄

Domaine Mathieu Coste 马修·科斯特酒庄

Domaine Nicolas Réau 尼古拉斯·里奥酒庄

Domaine Pierre Borel 皮埃尔·博莱尔酒庄

Domaine René Mosse 芮尼·穆塞酒庄

Domaine Saint Nicolas 圣·尼古拉斯酒庄

Domaine Saurigny 萨利尼酒庄（239）

François Saint-Lô 弗兰西斯·圣·罗

Herbel 赫贝尔

Jean-Christope Garnier 让·克里斯托弗·加尼尔

Jérôme Lambert 杰罗姆·兰伯特

Julien Courtois 朱利安·库图瓦（173）

Julien Pineau 朱利安·皮努

La Coulée d'Ambrosia 安布罗希亚酒庄（239）

La Coulée de Serrant 塞朗酒庄

La Ferme de la Sansonnière 桑索妮儿农场

La Grange Tiphaine 提芬庄园（162）

La Grapperie 格拉普瑞酒庄（215）

La Lunotte 鲁诺特酒庄

La Paonnerie 孔雀酒庄

La Porte Saint Jean "圣让之门" 酒庄

Domaine Clusel-Roch 克鲁塞尔 - 罗奇酒庄

Domaine de L'Anglore 盎格洛尔酒庄（207）

Domaine de la Grande Colline (Hirotake Ooka)
大山酒庄（大冈弘武）

Domaine de la Roche Buissière 布埃希岩酒庄

Domaine de Villeneuve 维尔纳夫酒庄

Domaine des Miquettes 米凯特斯酒庄

Domaine du Coulet 库列特酒庄

Domaine Gourt de Mautens 古尔特德蒙腾斯酒庄

Domaine Gramenon 格拉美侬酒庄

Domaine La Ferme de Saint Martin 圣马丁农场
酒庄

Domaine Lattard 拉塔德酒庄

Domaine Les Bruyères 希瑟酒庄

Domaine Marcel Richaud 马赛尔·里查德酒庄

Domaine Matthieu Dumarcher 马修·杜马切酒庄

Domaine Montirius 蒙蒂留斯酒庄

Domaine Romaneaux-Destezet 罗曼诺·德赛泽
酒庄

Domaine Rouge-Bleu 红蓝酒庄

Domaine Viret 维雷酒庄

Eric Texier 埃里克·特西尔

François Dumas 弗兰西斯·杜马斯

Jean-Michel Stephan 让 - 米歇尔·史蒂芬酒庄（216）

La Ferme des Sept Lunes 七月农场

La Gramière 格拉米埃酒庄

Les Champs Libres 自由领域酒庄

Stéphane Othéguy 史蒂芬·奥赛盖

> 鲁西永

Bruno Duchêne 布鲁诺·杜切恩酒庄

Clos du Rouge Gorge 红峡谷酒庄

Clos Massotte 马索特酒庄

Clot de l'Origine 原产地酒庄（239）

Clot de l'Oum 欧姆酒庄

Collectif Anonyme 匿名集体

Domaine Carterole 卡特罗酒庄

Domaine Danjou-Banessy 丹茹 - 巴内西酒庄

Domaine de L'Ausseil 奥塞尔酒庄

Domaine de l'Encantade 拉坎塔德酒庄

Domaine de l'Horizon 地平线酒庄

Domaine des Mathouans 马图万斯酒庄

Domaine du Matin Calme 马丁·卡慕酒庄

Domaine du Possible 可能酒庄

Domaine Gauby 高比酒庄

Domaine Jean-Philippe Padié 让 - 菲利普·帕蒂
酒庄

Domaine Le Bout du Monde 世界末日酒庄

Domaine Le Scarabée 甲虫酒庄

Domaine Léonine 列宁酒庄

Domaine Les Arabesques 红丝巾酒庄

Domaine Les Foulards Rouges 蔓纹酒庄

Domaine Potron Minet 宝创·闵内酒庄

Domaine Tribouley 特里布利酒庄

Domaine Vinci 文奇酒庄

Domaine Yoyo 悠游酒庄

Jolly Ferriol 尤利·费里奥（165）

La Bancale 军刀酒庄

La Cave des Nomades 游牧民之穴酒庄

La Petite Baigneuse 小浴场酒庄

Le Casot des Mailloles 麦罗勒的卡索特酒庄（176）

Le Soula 苏拉酒庄

Le Temps Retrouvé 时光倒流酒庄

Les Enfants Sauvages 野孩子酒庄（238）

Les Vins du Cabanon 卡巴侬（206）

Mămăruță 瓢虫酒庄（203）

Matassa 马塔萨酒庄（174）

Vignoble Réveille 苏醒酒庄

Vinyer de la Ruca 路卡酒庄（240）

› 萨伏依 [1]

Domaine Belluard 贝鲁阿德酒庄

Domaine Prieuré Saint Christophe 圣·克里斯托
弗修道院酒庄

Jean-Yves Péron 让 - 伊夫·佩隆

格鲁吉亚 ────────────

Aleksi Tsikhelashvili 阿勒斯基·斯科拉诗维利

Chveni Gvino (Our Wine) 维尼酒庄

Gaioz Sopromadze Winery 高斯·萨普洛曼德斯
酒庄

Gotsa 哥特萨酒庄（164）

Iago Bitarishvili 雅戈·贝塔利诗维利

Jakeli Wines 贾克力酒庄

Kakha Berishvili 卡克哈·贝利什维利

Naotari Wines 纳奥塔里酒庄

Natenadze's Wine Cellar 南特兹德酒窖

Nika Bakhia 尼卡·巴希亚（225）

Nikoloz Antadze 尼库拉斯·安塔德兹

Pheasant's Tears 雉之泪（196）

Ramaz Nikoladze 拉玛兹·尼库拉兹

Sopromadze Marani 萨普洛曼斯·马拉尼

德国 ──────────────────

2Naturkinder 大自然的两个孩子（182）

Collective Z Z 系列

Das Hirschhorner Weinkontor (Frank John) 赫
希霍恩酒厂（弗兰克·约翰）

Enderle & Moll 恩德勒与摩尔

Ökologisches Weingut Schmitt 施密特有机酒庄
（195）

Rudolf & Rita Trossen 鲁道夫与莉塔·特罗森
（184）

Stefan Vetter 史蒂芬·瓦特（180）

Weingut Brand 布兰德酒庄

希腊 ──────────────────

Domaine de Kalathas 卡拉莎斯酒庄

Domaine Ligas 利加斯酒庄（205）

意大利 ────────────────

› 阿布鲁佐

Emidio Pepe 艾米迪奥·佩佩

Lammidia 拉米蒂亚酒庄（179）

Marina Palusci 玛利纳·帕卢西

Tenuta Terraviva 特努塔·特拉维瓦

› 奥斯塔

Selve 塞尔维（218）

› 坎帕尼亚

Cantina Giardino 坎蒂娜·加蒂诺（199）

Casebianche 白房子酒庄

I Cacciagalli 卡齐亚加利酒庄

Il Cancelliere 坎塞利尔酒庄（221）

Il Don Chisciotte (Pierluigi Zampaglione) 堂吉
西奥特（皮尔路易吉·赞帕廖内）

Podere Veneri Vecchio 博德烈·维纳里·维奇奥

› 艾米利亚 - 罗马涅

Al di là del Fiume 超越之河

Cà de Noci 卡德诺奇

Camillo Donati 卡米罗·多纳提（165）

Casè... naturally wine 自然酒之屋

Cinque Campi 五大领域酒庄（166）

Denavolo 德纳沃洛酒庄（194）

La Stoppa 斯托帕酒庄

Maria Bortolotti 玛丽亚·博托洛蒂酒庄

---

1 萨伏依（Savoy），位于法国东南部。

Orsi-Vigneto San Vito Podere Cipolla (Denny Bini) 奥尔西 - 圣维托葡萄园（丹尼·比尼）

Podere Pradarolo 博德雷·普拉达洛罗（221）

Quarticello 瓜提切洛酒庄（162）

Vittorio Graziano 维托里奥·格拉齐亚诺

> **弗留利 - 威尼斯 - 朱利亚** [1]

Damijan Podversic 达米安·博德维奇

Dario Prinčič 达里奥·普林寨克

Denis Montanar 丹尼斯·蒙塔纳

Franco Terpin 弗兰克·特宾（204）

Josko Gravner 约斯克·格拉瓦纳

La Castellada 卡斯特拉达酒庄

Paolo Vodopivec 帕奥罗·弗多皮维克

Paraschos 帕拉斯克斯酒庄

Radikon 拉迪康（199）

> **拉齐奥**

Costa Graia 科斯塔·格拉亚

Le Coste 科斯特酒庄（179）

> **利古里亚** [2]

Stefano Legnani 斯特芬·雷格纳尼

> **伦巴第** [3]

1701 Franciacorta 法兰切阔塔 1701 号

Bel Sit 贝尔希特

Cà del Vent 卡黛文特

Casa Caterina 卡特里娜酒庄（164）

Fattoria Mondo Antico 法托利亚·蒙多·安迪克

Podere Il Santo 普德烈·撒托

Selvadoce (Aris Blancardi) 塞瓦多切（阿里斯·布兰卡迪）

> **皮埃蒙特**

Alberto Oggero 阿尔伯特·欧格若

Carussin 卡鲁辛

Cascina degli Ulivi 橄榄园农庄（177, 219）

Cascina Fornace 弗纳斯农庄

Cascina Iuli 尤利农庄

Cascina Roera 罗埃拉农庄

Cascina Tavijn 塔维金酒庄（217）

Case Corini 柯里尼酒庄（221）

Ferdinando Principiano 费迪南多·普林西维亚诺

La Morella 拉莫雷利亚酒庄

Olek Bondonio 奥列克·邦多尼奥

Roagna 罗阿尼亚

Rocco di Carpeneto 洛克·迪·卡佩内托

San Fereolo 圣费雷奥罗

Valli Unite 山谷合作社（177）

> **普里亚（Puglia）**

Cantine Cristiano Guttarolo 坎蒂·克里斯蒂安·古塔罗洛（218）

Natalino del Prete 那塔利诺·德·普列特

> **西西里岛 / 撒丁岛 / 潘泰莱里亚岛**

Aldo Viola 阿尔多·维欧拉酒庄

Arianna Occhipinti 阿里安娜·欧奇品尼酒庄

Cos 柯斯酒庄

Cornelissen 科涅利森（195, 220）

Lamoresca 拉莫列斯卡（218）

Marco de Bartoli 马可·德·巴托利

Nino Barraco 尼诺·巴拉克（178）

Panevino 帕涅韦诺酒庄（219）

1　弗留利 - 威尼斯 - 朱利亚（Friuli-Venezia-Giulia），意大利东北部产区，西临威尼托，北临奥地利，东部与斯洛文尼亚接壤。

2　利古里亚（Liguria），位于意大利西北部的大区，首府是热那亚。

3　伦巴第（Lombardy），位于意大利北部。

Presa 普列萨酒庄

Serragghia 瑟拉吉雅酒庄（199）

Valdibella 瓦尔迪贝拉

Vino di Anna 安娜的酒

> **特伦蒂诺 - 上阿迪杰** [1]

Elisabetta Foradori 伊丽莎贝塔·弗拉多利（196）

> **托斯卡纳**

Ampeleia 两栖动物酒庄

Campinuovi 坎皮诺威酒庄

Casa Raia 莱阿酒庄

Casa Sequerciani 瑟凯西安尼酒庄

Colombaia 克伦巴亚酒庄（194）

Fattoria La Maliosa 玛里索纳农场（196）

Fonterenza 涞源酒庄

Il Paradiso di Manfredi 曼弗莱迪乐园酒庄

La Cerreta 塞雷塔酒庄

La Porta di Vertine 顶点之门酒庄

Macea 玛琪雅酒庄

Massa Vecchia 玛萨维齐亚

Montesecondo 蒙特赛康多酒庄（219）

Pacina 帕奇纳

Pian del Pino 皮安德皮诺

Podere Concori 博德烈·康克尼

Santa 10 桑塔 10 号

Stella di Campalto 史黛拉迪康帕尔多

Tenuta di Valgiano 瓦尔贾诺庄园

> **翁布里亚** [2]

Ajola 艾尤拉

Cantina Margò 康蒂娜·玛尔戈

Paolo Bea 保罗·比亚

> **威尼托**

Ca' dei Zago 卡代扎戈酒庄

Casa Belfi 贝尔菲酒庄

Casa Coste Piane 科斯特·皮安酒庄

Costadilà 科斯塔迪拉酒庄（163）

Daniele Piccinin 达尼埃莱·普契尼（178）

Daniele Portinari 丹尼尔·波提纳里

Davide Spillare 戴维德·斯皮莱尔

Gianfranco Masiero 吉安弗兰克

Il Cavallino 卡瓦利诺酒庄（178）

La Biancara 比安卡拉酒庄（178, 241）

Malibran 玛丽布兰

Zanotto 扎诺托

墨西哥 ————————————

Bichi (Louis-Antoine Luyt) 比奇酒庄（路易斯 - 安托万·略特）

新西兰 ————————————

Pyramid Valley 金字塔谷酒庄

Sato Wines 佐藤酒庄（186）

塞尔维亚 ————————————

Francuska Vinarija 弗兰库斯塔·维纳瑞亚（180）

The Collective presents... 合作社献礼（180）（部分匈牙利）

斯洛伐克 ————————————

Organic-Strekov 有机 - 斯特列科夫酒庄

Strekov 1075 斯特列科夫 1075

斯洛文尼亚 ————————————

Batič 巴迪克酒庄

Biodinamična Kmetija Urbajs 梅提亚·乌巴斯生物动力酒庄

~~~~~~~~~~~~~~~~~~~~~~~~~~~~

1 特伦蒂诺 - 上阿迪杰（Trentino-Alto Adige），意大利最北部的大区。

2 翁布里亚（Umbria），位于意大利中部，是意大利唯一不临海的内陆大区。

专营渠道

下面列出了在《何地何时：品尝和购买自然酒》中曾提到过的自然酒专营渠道（包括酒吧、餐厅和卖酒的店铺），还有其他一些你可能会感兴趣的渠道。

高级餐厅

Claude Bosi at Bibendum 必比登的克劳德·波西（伦敦）: bibendum.co.uk

Fera at Claridge's 莱克瑞奇酒店菲拉餐厅（伦敦）: feraatclaridges.co.uk

Nobelhart & Schmutzig 诺贝尔哈特与施沐齐格（柏林）: nobelhartundschmutzig

Noma 诺玛（哥本哈根）: noma.dk

Rouge Tomate 红番茄（纽约）: rougetomatenyc.com

Taubenkobel 鸽舍（维也纳附近）: taubenkobel.at

普通餐馆和酒吧

Elliot's 艾略特餐厅（伦敦）: elliotscafe.com

40 Maltby St 马特比大街 40 号（伦敦）: 40maltbystreet.com

Antidote 解毒剂餐厅（伦敦）: antidotewinebar.com

Brawn 猪头肉（伦敦）: brawn.co

Brilliant Corners 明亮的角落（伦敦）: brilliantcorners.london.co.uk

DUCKSOUP 鸭汤（伦敦）: ducksoupsoho.co.uk（其姊妹餐厅 Rawduck: rawduckhackney.co.uk）

Soif 渴（伦敦）: soif.co

Terroirs 风土酒吧（伦敦）: terroirswinebar.com

The Remedy 解药（伦敦）: theremedylondon.com

Vivant 活力（巴黎）: vivantparis.com/en/

Verre Volé 偷来的杯子（巴黎）: leverrevole.fr

Via del Vi 来自德维（佩皮尼昂）: viadelvi.com

The Ten Bells 十个铃铛（纽约）: thetenbells.typepad.com

Wildair 野空气（纽约）: wildair.nyc

The Four Horsemen 四个马夫（纽约）: fourhorsemenbk.com

Ordinaire 寻常酒吧（奥克兰）: ordinairewine.com

The Punchdown "压酒帽"酒吧（奥克兰）: punchdownwine.com

Terroir 风土酒吧（旧金山）: terroirsf.com

Les Trois Petits Bouchons 三个小酒塞（蒙特利尔）: lestroispetitsbouchons.com

Shonzui 祥瑞餐厅（东京）: 2F, 7-10-2 Roppongi, Minato-ku, Tokyo

Enoteca Saint Vin Saint 圣洁的酒（圣保罗）: saintvinsaint.com.br

Bar Brutal 野蛮人酒吧（巴塞罗那）: cancisa.cat

Cordobar 科尔多瓦（柏林）: cordobar.net

Wild Things 野东西（柏林）: wildthingsberlin.de

零售店铺：

Burgess & Hall Wines 博格斯与霍尔酒店（伦敦）: burgessandhall.com

La Cave des Papilles 乳头的洞穴（巴黎）: lacavedespapilles.com

Chambers Street Wines 钱伯斯街酒店（纽约）: www.chambersstwines.com

Discovery Wines 发现葡萄酒（纽约）：
discoverywines.com
Frankly Wines 诚实的酒（纽约）：
franklywines.com
Henry's Wines & Spirits 亨利的酒店（纽约）：
henrys.nyc
Lou 露（洛杉矶）：louwineshop.com
Noble Fine Liquor 尊贵的好酒（伦敦）：
noblefineliquor.co.uk
Smith & Vine 史密斯与酒（纽约）：smithandvine.
com
Thirst Wine Merchants "渴"葡萄酒经营店（纽约）：
thirstmerchants.com
Uva 紫外线酒店（纽约）：uvawines.com
Les Zinzins du Vin 酒赞赞（贝桑松，法国）：
leszinzinsduvin.com

延展探索及阅读

酒农协会

S.A.I.N.S. : vins-sains.org
VinNatur 意大利天然葡萄酒酒农协会：vinnatur.
org/en
Association des Vins Naturels 法国自然酒协会：
lesvinsnaturels.org
Renaissance des Appellations 风土复兴协会：
renaissance-des-appellations.com
Vini Veri 维瑞自然酒协会：viniveri.net
PVN Productores de Vinos Naturales 自然酒产品
协会：vinosnaturales.wordpress.com
Taste Life 品味生活：schmecke-das-leben.at

酒展

RAW WINE 原始之酒（伦敦、柏林、纽约、洛杉矶）：
rawwine.com
La Dive Bouteille 潜水瓶酒展：diveb.blogspot.
co.uk
À Caen le Vin 卡昂酒展：vinsnaturelscaen.com
Buvons Nature "来喝自然酒"酒展：
buvonsnature.over-blog.com
Festivin 酒的节日：festivin.com
H2O Vegetal 水植酒展：h2ovegetal.wordpress.
com
Les 10 Vins Cochons 十头酒猪：
les10vinscochons.blogspot.co.uk
Les Affranchis 解放者酒展：les-affranchis.blog
spot.co.uk
Les Pénitentes 忏悔者酒展：www.facebook.com/
LesPenitentesAtLeGouverneur/
Les Remise 矮树丛酒展：laremise.fr

Real Wine Fair 真实之酒：therealwinefair.com

Rootstock 根茎酒展：rootstocksydney.com

Salon des Vins Anonymes 匿名酒沙龙：
vinsanonymes.canalblog.com

Villa Favorita 最爱村酒酒展：vinnatur.org

Vini Circus 马戏团酒展：vinicircus.com

Vini di Vignaioli 种植者酒展：vinidivignaioli.com

推荐书籍

以下这些我读过的书没准你也会感兴趣。它们并非全都是自然酒的专业书籍，但其中许多书造就了我工作的内容和理由。祝你阅读愉快。

Abouleish, Ibrahim, *Sekem: A Sustainable Community in the Egyptian Desert* (Floris Books，2005)

亚伯拉罕·易卜拉欣《瑟坎社区——埃及沙漠中的可持续社区》

Augereau, Sylvie, *Carnet de Vigne Omnivore—2e Cuvée* (Hachette Pratique，2009)

西尔维·奥热罗《自然酒指南杂食者专题—2e 特酿》

Allen, Max, *Future Makers: Australian Wines For The 21st Century* (Hardie Grant Books，2001)

马克思·艾伦《未来创造者：21 世纪的澳大利亚葡萄酒》

Bird, David, *Understanding Wine Technology: The Science of Wine Explained* (DBQA Publishing，2005)

大卫·伯德《了解葡萄酒技术：阐述葡萄酒科学》

Bourguignon, Claude & Lydia, *Le Sol, la Terre et les Champs* (Sang de la Terre，2009)

克劳德·布尔吉农与莉迪亚·布尔吉农《土地，风土和田野》

Campy, Michel, *La Parole de Pierre—Entretiens avec Pierre Overnoy, vigneron à Pupillin, Jura* (Mêta Jura，2011)

米歇尔·康比《皮埃尔的话——汝拉省皮普林村酿酒师皮埃尔·欧诺伊访谈录》

Chauvet, Jules, *Le vin en question* (Jean-Paul Rocher，1998)

朱尔·肖韦《有问题的葡萄酒》

Columella, *De Re Rustica: Books I–XII* (Loeb Classical Library，1989)

科鲁迈拉《论农业：1—12 册》

Diamond, Jared, *Collapse* (Penguin Books，2011)

杰拉德·戴蒙德《坍塌》

Feiring, Alice, *Naked Wine: Letting Grapes Do What Comes Naturally* (Da Capo Press，2011)

爱丽丝·费林《裸露的酒：让葡萄顺其自然》

Goode, Jamie and Harrop, Sam, *Authentic Wine: toward natural sustainable winemaking* (University of California Press，2011)

杰米·古德与山姆·哈洛普《纯正的酒：谈可持续自然酿酒法》

Gluck, Malcolm, *The Great Wine Swindle* (Gibson Square，2009)

马尔科姆·格拉克《好酒的骗局》

Jancou, Pierre, *Vin vivant: Portraits de vignerons au naturel* (Editions Alternatives，2011)

皮埃尔·让库《活力之酒：自然酒画像》

Joly, Nicolas, *Biodynamic Wine Demystified* (Wine Appreciation Guild，2008)

尼古拉·卓利《浅析生物动力酒》

Juniper, Tony, *What Has Nature Ever Done For Us? How Money Really Does Grow On Trees* (Profile Books，2013)

托尼·朱尼伯《大自然为我们做了些什么？树上如何生出钱来？》

Mabey, Richard, *Weeds: The Story of Outlaw Plants* (Profile Books，2012)

理查德·马倍《大麻：违禁植物的故事》

Matthews, Patrick, *Real Wine* (Mitchell Beazley，2000)

帕特里克·马修斯《真正的酒》

McGovern, Patrick E., *Ancient Wine: The Search for the Origins of Viniculture* (Princeton University Press，2003)

帕特里克·E. 麦格文《古老的酒：探寻酿酒根源》

Morel, François, *Le Vin au Naturel* (Sang de la Terre，2008)

弗兰西斯·莫莱尔《自然酒》

Pliny (the Elder), *Natural History: A Selection* (Penguin Books，2004)

老普林尼《自然史》

Pollan, Michael, *Cooked: A Natural History of Transformation* (Penguin，2013)

迈克尔·波伦《烹：烹饪如何连接自然与文明》

Robinson, Jancis, Harding, Julia and Vouillamoz, José, *Wine Grapes* (Penguin，2012)

简西斯·罗宾森、朱利亚·哈丁与侯赛·弗拉莫斯《酿酒葡萄》

Thun, Maria, *The Biodynamic Year—Increasing yield, quality and flavor, 100 helpful tips for the gardener or smallholder* (Temple Lodge，2010)

玛丽亚·图恩《生物动力年：增产，增质，增风味，给园丁和小农的 100 条建议》

Waldin, Monty, *Biodynamic Wine Guide 2011* (Matthew Waldin，2010)

蒙蒂·瓦尔丁《2011 年生物动力葡萄酒指南》

网站和博客

以下这些作者时常在文章中提到自然酒（如果遗漏了某些作者，在此提前致歉）。

alicefeiring.com（美国作家及记者）

caulfieldmountain.blogspot.co.uk（澳大利亚记者及作家）

dinersjournal.blogs.nytimes.com/author/eric-asimov（《纽约时报》记者与评论员 Eric Asimov）

glougueule.fr（法国记者及活动家）

ithaka-journal.net（生态学与葡萄酒——其中有 Hans-Peter Schmidt 的文章）

jimsloire.blogspot.co.uk（英国调查性文章博主）

louisdressner.com（美国进口商）

montysbiodynamicwineguide.com（英国生物动力学顾问及作家）

saignee.wordpress.com（博主）

vinosambiz.blogspot.co.uk（西班牙自然酒从业者及博主）

wineanorak.com（英国作家及博主）

wineterroirs.com（法国博主及摄影师）

Patrick Rey 的 Mythopia 系列摄影作品可以在如下网站找到：capteurs-de-nature.com/Z/Mythopia/index.html

索引

致谢

作者致谢

首先，我要特别感谢 Cindy Richards 和 CICO 出版社的团队给我机会来撰写这本书。感谢各位所付出的耐心和辛劳，感谢各位没有放弃我（尤其感谢 Penny Craig、Caroline West、Sally Powell，还有 Geoff Borin，他们实在是为这本书等了太久）。还要感谢 Matt Fry 为我带来这个机会，感谢 Gavin Kingcome 提供了卓越的摄影作品。

我还要真诚地感谢 Dr. Laurence Bugeon 和 Fränze Progatzky 让我对显微镜燃起了兴趣，感谢 Marie Andreani 花了大量的私人时间帮我整理誊写采访稿。感谢所有的朋友和家人，他们有好几个月都没有见到我的面呢。

不过，最重要的还是要感谢那些愿意花时间来与我分享看法和智慧，与我倾诉经历的人们。其中有些人甚至帮我核对本书的部分终稿，书中所用的图片也有部分来自他们所分享给我的摄影作品。

感谢 Hans-Peter Schmidt 为我付出了宝贵的时间和知识。

最后，我最想感谢的是我的拍档 Deborah Lambert，没有她就没有这本书的诞生：感谢你帮我梳理那些杂乱无章的想法，并且让我的表达不那么像个法国人！

英文版出版社致谢

本社衷心感谢下列名单中的各位。感谢你们为本书的拍摄提供了葡萄园、酒吧和餐厅。

法国

Alain Castex and Ghislaine Magnier, formerly of Le Casot des Mailloles, Roussillon

Anne-Marie and Pierre Lavaysse, Le Petit Domaine de Gimios, Languedoc

Antony Tortul, La Sorga, Languedoc

Didier Barral, Domaine Léon Barral, Languedoc-Roussillon

Gilles and Catherine Vergé, Burgundy

Jean Delobre, La Ferme des Sept Lunes, Rhone

Jean-Luc Chossart and Isabelle Jolly, Domaine Jolly Ferriol, Roussillon

Julien Sunier, Rhône

Mathieu Lapierre, Domaine Marcel Lapierre, Beaujolais

Pas Comme Les Autres, Bezier, Languedoc-Roussillon

Romain Marguerite, Via del Vi, Perpignan

Tom and Nathalie Lubbe, Matassa, Roussillon

Yann Durieux, Recrue des Sens, Burgundy

意大利和斯洛文尼亚

Aleks and Simona Klinec, Kmetija Klinec, The Brda, Slovenia

Angiolino Maule, La Biancara, Veneto, Italy

Daniele Piccinin, Azienda Agricola Piccinin Daniele, Veneto, Italy

Stanko, Suzana, and Saša Radikon, Radikon, Friuli

Venezia, Giulia, Italy

美国加利福尼亚州

Chris Brockway, Broc Cellars, Berkeley

Darek Trowbridge, Old World Winery, Russian

River Valley

Kevin and Jennifer Kelley, Salinia Wine
Company, Russian River Valley

Lisa Costa and D.C. Looney, The Punchdown,
San Francisco

Phillip Hart and Mary Morwood Hart, AmByth
Estate, Paso Robles

Tony Coturri, Coturri Winery, Glen Ellen

Tracy and Jared Brandt, Donkey & Goat,
Berkeley

图片致谢

本社真挚感谢下列各位为本书慷慨分享自己的摄影
作品:

注释: t= 上部; b= 底部; c= 中部; r= 右; l= 左;
Antidote: 142r; Casa Raia: 106b; Château La
Baronne:25t; Frank Cornelissen: 35b; Costadilà:
159; La Coulée de Serrant: 42, 43, 45; Domaine
Fontedicto:121, 123; Domaine Henri Milan: 76;
Elliot's: 166–167; Hibiscus: 144; Katy Koken: 186;
Anna Krzywoszynska (c/o La Biancara): 66;
Isabelle Legeron MW: 21t, 25bl, 30, 33, 39, 47
(both), 89, 92, 99, 101, 105, 110–111, 115, 118 (both),
119, 124–125, 126, 127, 131, 135, 136, 141, 143t, 163, 171,
197, 198, 202, 209, 215, 235, 240, 264; Lous Grezes:
229; Mămăruță: 203; Matassa (Tom Lubbe and
Craig Hawkins): 19; Montesecundo: 220; Noma:
143b; Patrick Rey (at Mythopia): 10, 26–28
(all), 29, 129, 223; Strohmeier: 32; Viniologi: 195;
Weingut Werlitsch: 22, 183

First published in the United Kingdom in 2014 and this second edition published in 2017
under the title *Natural Wine* by CICO Books, an imprint of Ryland Peters & Small,
20–21 Jockey's Fields
London WC1R 4BW
Text © Isabelle Legeron 2017
Photography by Gavin Kingcome © CICO Books 2014
For additional picture credits, see page 281
Simplified Chinese language edition arranged through Big Apple Agency Inc.
Simplified Chinese edition copyrights: 2023 New Star Press Co., Ltd.,Beijing China
All rights reserved.

著作版权合同登记号：01-2019-4821

图书在版编目（CIP）数据

自然酒 /（法）伊莎贝尔·莱杰容著；乔阿苏，刘静译 .—— 北京：新星出版社，2023.4
ISBN 978-7-5133-5086-0

Ⅰ．①自… Ⅱ．①伊… ②乔… ③刘… Ⅲ．①葡萄酒－酿造 Ⅳ．① TS262.6

中国版本图书馆 CIP 数据核字（2022）第 216195 号

自然酒

[法]伊莎贝尔·莱杰容 著　乔阿苏，刘静 译

策划编辑：东　洋
责任编辑：李夷白
责任校对：刘　义
责任印制：李珊珊
装帧设计：@broussaille私制

出版发行：新星出版社
出 版 人：马汝军
社　　址：北京市西城区车公庄大街丙3号楼　100044
网　　址：www.newstarpress.com
电　　话：010-88310888
传　　真：010-65270449
法律顾问：北京市岳成律师事务所

读者服务：010-88310811　service@newstarpress.com
邮购地址：北京市西城区车公庄大街丙 3 号楼　100044

印　　刷：北京盛通印刷股份有限公司
开　　本：710mm×1000mm　1/16
印　　张：18
字　　数：220千字
版　　次：2023年4月第一版　2023年4月第一次印刷
书　　号：ISBN 978-7-5133-5086-0
定　　价：158.00元